会催眠的生物

陈积芳——主编　　施新泉 等——著

上海科学技术文献出版社
Shanghai Scientific and Technological Literature Press

图书在版编目（CIP）数据

会催眠的生物／施新泉等著．—上海：上海科学技术文献出版社，2018
（科学发现之旅）
ISBN 978-7-5439-7682-5

Ⅰ．①会…　Ⅱ．①施…　Ⅲ．①动物—普及读物　Ⅳ．①Q95-49

中国版本图书馆 CIP 数据核字 (2018) 第 159537 号

选题策划：张　树
责任编辑：王　珺
助理编辑：朱　延
封面设计：樱　桃

会催眠的生物
HUI CUIMIAN DE SHENGWU
陈积芳　主编　施新泉　等著
出版发行：上海科学技术文献出版社
地　　址：上海市长乐路 746 号
邮政编码：200040
经　　销：全国新华书店
印　　刷：常熟市华顺印刷有限公司
开　　本：650×900　1/16
印　　张：14
字　　数：134 000
版　　次：2018 年 8 月第 1 版　2018 年 8 月第 1 次印刷
书　　号：ISBN 978-7-5439-7682-5
定　　价：32.00 元
http://www.sstlp.com

目录

无处不在的原生动物

讲到动物，你立即会想到动物园里的老虎、狮子、大象……但可能不会想到原生动物。其实，原生动物也是动物界中一个不可缺少的成员，它无处不在，时刻与我们发生着直接或间接的联系，甚至对我们的生活、工作和学习产生十分重要的影响。因此，认识和了解原生动物十分重要。

随着科技的发展，人们对"细胞"这一词并不陌生，除病毒等一些非细胞生物外，地球上几乎所有的生物都是由细胞组成的，细胞是生物生命活动的基本单位。目前，我们能看到的动物都是由无数个细胞所组成的，因此也被称为多细胞动物，但原生动物则并非如此，它的一个身体就是一个细胞，因此被称为单细胞动物。与多细胞动物相比，原生动物体形微小，身体大小在几微米到几百微米之间。其中个体较大的纤毛虫，也只有300微米左右，若用肉眼仔细观察，看到的仅是一个模糊的小点，只有在显微镜下才能看清楚它的形态，因此有人常将它称为显微镜下的动物。

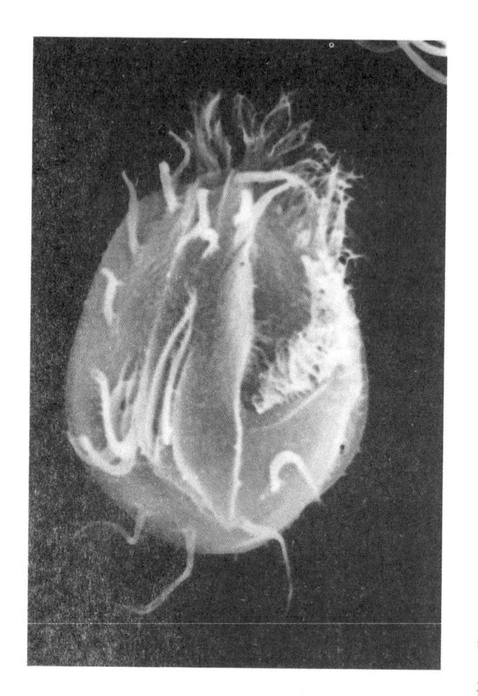

▲ 一个原生动物细胞和细胞表面结构（扫描电镜照片）

尽管原生动物身体结构简单，但一个细胞体不仅含有与多细胞生物的细胞基本单元相似的结构成分，例如细胞膜、细胞核、线粒体、高尔基体等结构，并且具有各种功能性的“小器官”，能行使相似于一个多细胞生物体的运动、摄食、消化、生殖等全部生命活动。例如鞭毛虫、纤毛虫中的鞭毛、纤毛负责运动，胞口、胞咽等“口结构”负责摄食；变形虫甚至可用伪足进行运动，由于细胞没有“口结构”，也可用伪足来取食。当然，与多细胞生物体由不同细胞组成的各种组织、器官和系统行使的生理功能相比，原生动物中细胞小器官执行的种种生理功能是十分原始的。但在细胞水平上，原生动物一个细胞内所形成的种种结构，则要比多细胞动物中的任何细胞都要复杂得多，这也是原生动物细胞的特殊之处。

有人估计现在地球上存在的生物有500万至3 000万种之多，但目前已鉴定的仅有170万种。也有人调查，全世界已报道的原生动物约6.8万种，估计还有相当数量的种类尚未被发现或报道。在自然界，凡是有人类及其他生物活动的地方，都有原生动物大量生存，从江、河、湖、海到池塘、溪流、水沟和临时性积水坑中，从动物（包括人类）的体表到口腔、营养道、组织器官甚至血液中，都有原生动物的身影。可以说，原生动物无处不在。

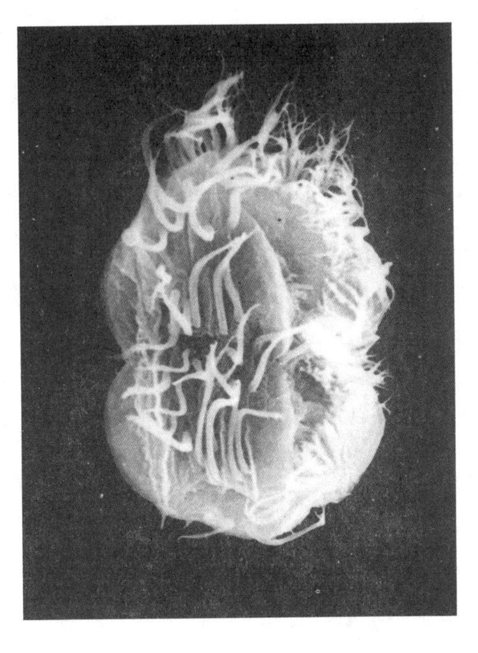

▲ 正在分裂中的原生动物，细胞和细胞表面结构已分成两部分（扫描电镜照片）

原生动物不仅生活在含水的环境中，并且也有在特殊条件下生活或生存的能力。曾经被认为没有原生动物活动的土壤，经过世界各地的土壤调查，有记载发现的原生动物约有 250 种，其中有 21 种以土壤作为唯一的栖息地。大多数土壤原生动物是以包囊形式存在的。包囊外是一层由碳水化合物和蛋白质组成的厚壁，原生动物处于包囊壁内，能抵御干燥和极端的温度等不利条件，这就为原生动物的传播提供了适当的途径。例如，已经观察到原生动物包囊与泥土一起附着在鸟的羽毛或腿上，甚至在水中迁移的甲虫身上也有原生动物包囊，原生动物由此被动物从一处带到另一处。此外，在空气中也有原生动物包囊，这样小的干燥的包囊，完全可能被气流携带行进一定距离。

由于原生动物具有采集容易、培养方便、单细胞体积大、便于观察处理等多方面的优点，很早就引起了生物学家的重视，被作为遗传学、细胞与分子生物学、生物医学等领域的研究材料。目前，有许多国家利用原生动物纤毛虫来消除有机废物、有害细菌，对有害物质进行沉淀、净化和处理污水；地质学工作者经常利用原生动物有孔虫来寻找矿产和石油资源；土壤原生动物对增加土壤肥力也有作用，因而在农业生产中也引起了重视。

但据报告，有28种原生动物是人体寄生虫，给人体健康带来不同程度的影响，例如，原生动物疟原虫会引起疟疾，利什曼虫会引起黑热病，还有一些原生动物会引起睡眠病、毛滴虫病、痢疾等疾病。此外，某些海洋腰鞭虫大量繁殖时会引起海洋赤潮，破坏生态环境，对鱼类、其他经济动物，甚至人类带来严重影响。

（曾　红　顾福康）

变形虫的变形术

变形虫是一种单细胞原生动物，分布广，种类有上千种，有生活在淡水中的例如大变形虫，有生活在海洋中的如拟变形虫，也有生活在潮湿土壤中的如网柄变形虫等，此外还有不少种类在人类以及高等动物体内共栖或寄生，如生活在人体齿龈间的齿龈内变形虫，生活在人体结肠内的结肠内变形虫，不过这些变形虫对人体是无害的。而痢疾内变形虫则能引起痢疾，它们寄生在人体大肠内，穿入肠壁，吞食红血球和其他细胞，同时分泌毒素，破坏组织，使肠黏膜溃疡脱落而下痢，有时虫体还侵入血管和淋巴管内，可随血流侵入其他各种器官内。

由于这种虫体没有一定的形状，随着原生质的流动，体形会经常变化，因而称变形虫。虫体的任何部位都可

变形虫结构 ▶

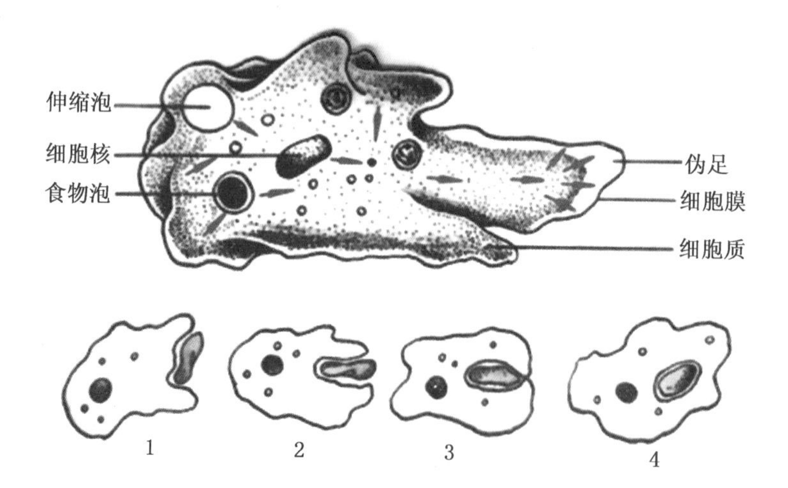

以延伸形成伪足，伪足伸出的方向代表身体临时的前端，由于可以不断地伸出新伪足，此行为学术上称之为“变形运动”，是动物运动的最原始形态。变形虫的运动和摄食都要依靠伪足，因此它的生活离不开变形运动。

伪足是变形虫摄食、消化、排泄的主要胞器。变形虫没有永久的口，在摄食时就以伪足充当“口”来获取食物，其食物有细菌、藻类、鞭毛虫等，并且如四膜虫、草履虫这些运动迅速的纤毛虫也能被伪足所捕获，成为变形虫的盘中餐。据科学家调查，一个变形虫在 24 小时内能以伪足捕获 28 个四膜虫，在饥饿情况下则能捕获 47 个。对较小的唇滴虫，它每 2 小时就能捕获 63 ～ 98 个，可见伪足捕食的能力十分惊人。

具叶型伪足的种类（如大变形虫）取食时，靠伪足在食物周围呈杯形包围，伪足逐渐向食物四周延伸靠拢，直至把食物完全包围在原生质内形成“食物泡”，然后再进入虫体的细胞质中。食物泡是变形虫临时的消化细胞器，内质分泌的酸及各种消化酶注入其中进行食物的分解与消化，不能消化的食物残渣随原生质的流动被留在身体后端，最后通过细胞膜排出体外，食物残渣被排出的过程称为排遗。

那么变形虫变形运动的过程是怎样完成的？对此，科学家们展开了深入的研究。在光学显微镜下，变形虫体可以明显地分成无色透明的外质和具有颗粒不透明的内质，内质中含有伸缩泡、食物泡及大小不等的颗粒物质，内质又可分为两部分即呈固态状的凝胶质外层和呈液态状的溶胶质的内层。变形运动主要是变形虫细胞质内质发生凝胶质与溶胶质的相互转化过程。变形虫的原生质溶胶质向运动方向流动，到达前端后，溶胶质进一步向前朝外膨胀，而后转变为凝胶质，此时，后面的凝胶质转变为溶胶质，继续向前流动。在这样凝胶至溶胶、溶胶至凝胶的周而复始的不断循环变化中使变形虫的身体也不断向前移动。

是什么动力促使细胞质流动呢？在变形运动的动力是如何产生的问题上，各个学者的研究成果和假设并不一致，主要有两种正好相反的假设：一种意见认为，变形运动好比“挤牙膏”一样，由于变形虫后部原生质凝胶质收缩产生了压力，将内部溶胶质挤向前端，前端的溶胶质转化成凝胶质而收缩，细胞便向前运动。这一假说称为“尾部区收缩动力学说”。后来，有学者提出了另一种与前者相反的假说“前部区收缩动力学说”，他认为，伪足前端的溶胶质变化成凝胶质时，使体积缩小产生动力，结果拖拽了中央稳定化的细胞质，这部分溶胶质到达前端后又收缩变成凝胶质，由外侧向后运动，一直到转化成松弛状态的溶胶质，再继续前面的变化过程。这两种假设至今也很难统一。

随着研究的不断深入，科学家们在电子显微镜下发现，在变形虫的细胞表面下的凝胶质和溶胶质中，普遍含有肌动蛋白和肌球蛋白成分，称为细胞质收缩蛋白，当存在三磷酸腺苷（ATP）时，全部肌动蛋白丝均能和肌球蛋白结合，发生收缩反应，最终引起了细胞质的收缩。目前对于变形运动的分子水平上的研究都是由变形虫非细胞提取液进行的，这些结果只能告诉我们活细胞中可能发生什么，而不能告诉我们实际上发生了什么。目前人们对变形运动的了解还很肤浅，搞清楚这一问题还需要进行大量的研究工作。将来的研究趋势，看来是集中注意在对变形运动有直接关系的收缩蛋白的装配和产生张力的机理上，以及收缩蛋白系统与细胞其他结构联系的反应等问题上，并且非细胞的研究必将与整体活细胞的工作结合起来。

（倪　兵　娄裔琳）

绿色的草履虫

在科幻小说中，人们虚构了一种绿色的动物，它们不需要吃太多食物，只要晒晒太阳，把水和自身排放的二氧化碳通过光合作用合成储藏能量的有机物，为自己提供营养，同时还能释放出氧气净化空气，改善环境。现实中，这种动物是不存在的，然而，绿草履虫或许可以给我们一些联想和启发。

绿草履虫是一种生活在淡水中的原生动物纤毛虫，细胞呈雪茄或鞋形，细胞长 100 ～ 150 微米，宽 50 ～ 60 微米。一般草履虫是无色的，可绿草履虫为什么会呈绿色呢？在显微镜下观察发现，绿草履虫细胞内生活着另外一种生物——小球藻，这是一种绿藻细胞，它含有与高等植物叶绿体结构类似的载色体，里面也含有能进行光合作用的叶绿素，每个绿草履虫内生活着 600 ～ 1 000

个小球藻，因此草履虫看上去就呈绿色了。像这样一种生物生活在另一种生物体内，互相依赖，各能获得一定利益的现象，我们称之为内共生。在“绿草履虫—小球藻”共生系统中，我们称绿草履虫为宿主细胞，称小球藻为内共生体。

在这个内共生系统中，共生小球藻接受由宿主细胞呼吸产生的二氧化碳以及代谢产物氨等作为自己的养料，把经光合作用产生的氧及分泌麦芽糖输送给宿主绿草履虫，双方和平共处，互助互利。与不含小球藻的草履虫相比，在食物很少的环境中，同样光照条件下，含小球藻的绿草履虫细胞的生长速度较快、培养密度较高和生长时期较长。共生小球藻光合作用所产生的大量的氧，满足了草履虫自身生长的需要，增强了适应环境的能力。另外，大量氧会刺激宿主细胞内抗自由基酶的生物合成，提高细胞抗自由基抗衰老的能力。共生小球藻正是通过满足宿主细胞营养等物质需要，减少宿主对环境条件的依赖等，促进宿主细胞的生长。

那么，小球藻是如何进入绿草履虫细胞内的，草履虫为何没有将小球藻消化掉，它们的共生系统又是如何建立起来的呢？科学家通过暗培养，阻断绿草履虫中内共生小球藻的光合作用，以达到去除内共生体的目的，获得无共生藻绿草履虫，这种方法较为接近自然条件，不会对绿草履虫本身带来其他非自然因素的影响。然后恢复光照培养，小球藻被绿草履虫吞食后，绿草履虫会形成围藻泡将共生小球藻包围起来，小球藻便在围藻泡内进行分裂繁殖，留在草履虫细胞质中，而其他藻类和食料生物则一起被包裹在消化泡内，经历连续的消化过程而被消化掉。研究表明，共生小球藻与宿主细胞有明显的专一性关系，由于共生小球藻细胞壁中含有特殊的不同于其他种小球藻的糖成分——葡萄糖胺，在共生关系建立时的细胞相互识别中起了重要作用，因此绿草履虫能识别这种小球藻并形成围藻泡，而其他外来小球藻不会被包在围藻泡中，而是被宿主消化掉。同样，其他草履虫吞食这种共生小球藻后，则不能识别它们，不会形成围藻泡，结果将它们消化掉了。

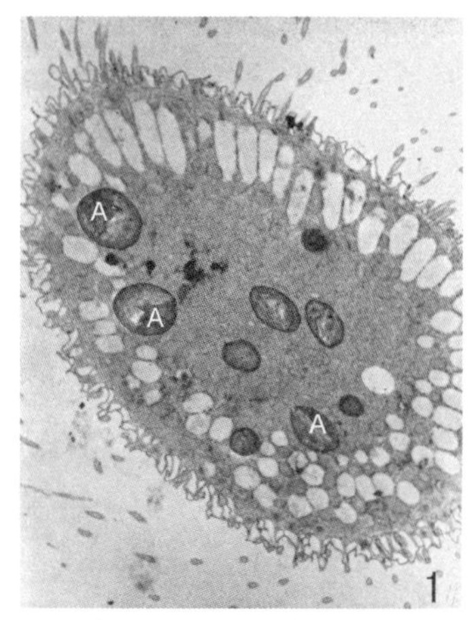

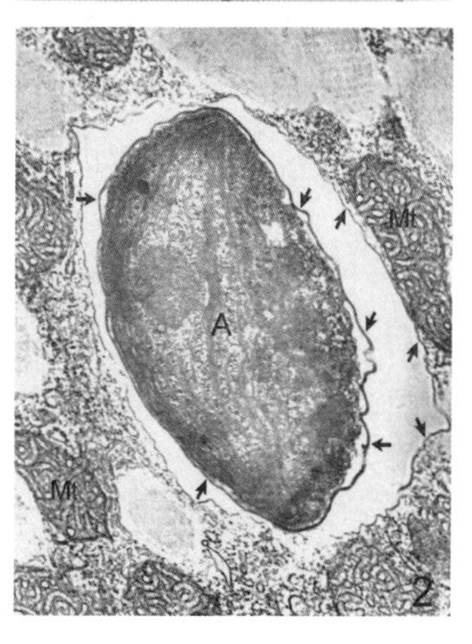

▲ 草履虫

研究原生动物和原核生物间的共生作用，对于探索真核生物细胞的起源及其进化具有重大意义。例如 1970 年科学家马奎斯提出了真核细胞的内共生起源学说，认为真核细胞的祖先是一种体积巨大、具有吞噬能力的细胞，而线粒体原本是一种革兰氏阴性菌，它具有糖酵解途径，能利用氧，可分解糖酵解产物而产生能量。真核细胞祖先得到这种细菌后可以满足自己对能量的需要，同样，这种细菌在细胞体内可得到良好的保护并能获得所需养分。这种功能上的互助互利关系成为二者共生的物质基础。线粒体祖先进驻细胞后，逐渐开始了一系列变化，如细胞结构开始简化、丢失基因等。

同样，宿主细胞也发生了类似的改变，二者逐渐丧失了独立生活能力，只能互相依赖，生死相依，最终进化成我们现在所看到的真核细胞的线粒体。叶绿体的起源与线粒体类似，可能起源于一种能进行光合作用的细菌藻青菌，真核细胞祖先正是得到这种共生体后，才走上向植物发展的道路的。

“小球藻—绿草履虫”共生系统目前属于“好聚好散，再聚不难”的共生关系，它们将来的进化历程会怎样？是否会成为新的像叶绿体这样的细胞器呢？人们对于共生的了解还远远不够，共生领域还有许多未解之谜。如今，已经有越来越多的人开始重视共生问题的研究。正如国际共生学会主席、纽约城市大学生物学家约翰所说：“共生是生物进化的关键贡献者，是研究地球生命现象的重要课题，现在已到了应受人们关注的时刻了。”

（倪　兵　娄裔琳）

会催眠的原生生物

齐天大圣孙悟空在大闹蟠桃会时，曾让瞌睡虫在看守盛会的小仙们面前飞了片刻，就催眠了他们。这只是《西游记》中的神话故事，但在现实生活中，“瞌睡虫”确实存在，而且还是致命的。阿拉伯旅行家伊本·哈勒敦在 14 世纪时曾访问过非洲的一个部落，他发现这个部落的首领大部分时间都在睡觉，两年之后首领就死了，以后，整个部落的人也都因昏睡而死去。这位旅行家当即将这一病症记录下来，他成了第一个睡眠病病例的文字记载者。从此，这种史前时代就存在于非洲的疾病逐渐为世人所知。睡眠病在热带非洲十分流行，1895 ～ 1905 年间，刚果一带因睡眠病死亡人数就达到 50 万，在 20 世纪 30 年代，不少地区的感染率竟达到当地居民的 50%。

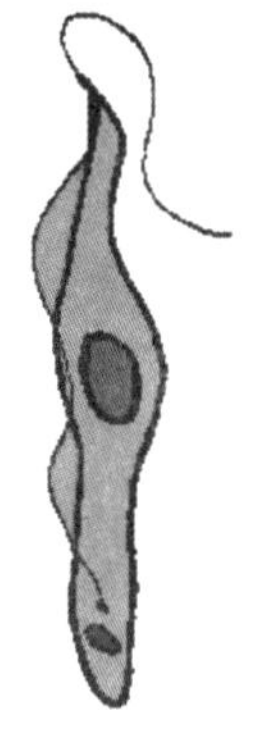

引起睡眠病的“瞌睡虫”的真正身份是冈比亚锥虫与罗得西亚锥虫。这两种锥虫在人体内寄生，皆为原生动物鞭毛虫。如果将带有病原体的血涂片进行染色，在显微镜下即可一窥两种锥虫的庐山真面目：细胞具有 3 种形态，即细长型、中间型和粗短型（具有感染性），细胞都具有一个居中的细胞核，一个位于后端的动基体，用以运动的鞭毛起自基体，伸出虫体后，与虫体表膜相连，当它运动时，表膜伸展，即成波动膜。

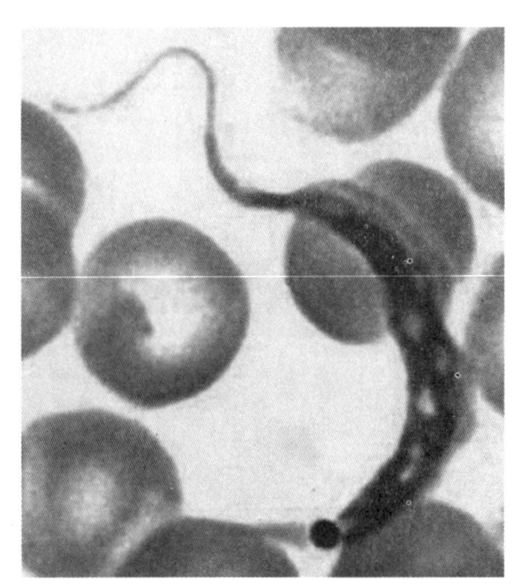

寄生于人体的锥虫依其感染途径可分为两类，即通过唾液传播的涎源性锥虫与通过粪便传播的粪源性锥虫，而能对人们起到致命催眠作用的冈比亚锥虫与罗得西亚锥虫是通过唾液传播的，主要传播媒介舌蝇是使病原体得以传播的罪魁祸首。这类舌蝇在非洲森林的稠密植物地带，或者热带草原和湖岸的矮林地带孳生，嗜吸动物血，在动物中传播锥虫，人进入这种地区就容易被感染。

舌蝇吸入含锥鞭毛虫的血液，血液进入舌蝇的中肠，粗短型锥鞭毛虫进行繁殖（如图中⑤），并转变为细长型，并以二分裂法增殖（如图中⑥）。约在 10 天后，锥鞭毛体从中肠经前胃到达下咽，然后进入舌蝇唾腺（如图中⑦）。在唾腺内，锥鞭毛虫附着于细胞上，通过增殖最后转变为粗短型锥鞭毛虫，对人具感染性（如图中⑧）。一旦某人不幸被舌蝇看中，被它刺吸血液的同时还将粗短型锥虫随涎液送入体内（如图中①），那么他的三期厄运也即将开始：首先是锥虫在局部增殖所引起的局部初发反应期（如图中②），然后是锥虫在体内散播的血淋巴期（如图中③），最后是侵入中枢神经系统的脑膜脑炎期（如图中④）。

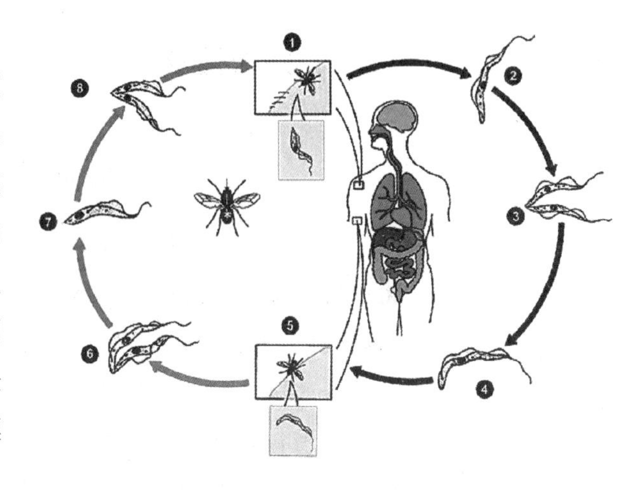

对于睡眠病，传统的早期治疗药物是苏拉明，如在脑膜脑炎期锥虫已侵犯中枢神经系统则用有机砷剂以毒攻毒。2003 年，布拉德福德等教授则提出了使用真核生物体内一种与生俱来的免疫系统成分——抗菌肽来消灭感染的非洲锥虫。然而，防微杜渐更为重要，消灭舌蝇则是关键。改变孳生环境，如清除灌木林，喷洒杀虫剂能有效消灭舌蝇。有学者提出以昆虫不育技术为关键手段，即大规模生产经辐射处理而丧失生育能力、但习性正常的雄性昆虫，投放自然，与野生雌性昆虫进行无生产性的交配，以此来扰乱繁殖，并以全区干预为管理理念，分阶段实行，以达到根除舌蝇的目的。

人生的 1/3 是睡眠，“睡眠病”却困扰了非洲 37 个国家。然而，相信依靠人类的力量，睡眠虫最终将被人类战胜。

（娄裔琳　倪　兵）

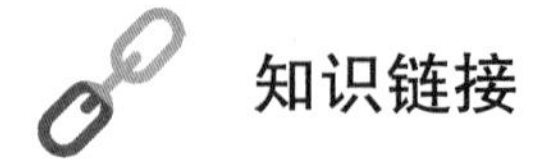

知识链接

睡眠病

非洲睡眠病与美洲睡眠病截然不同。美洲睡眠病是由一种病毒引起的脑炎，非洲睡眠病则是由一种寄生虫（锥体虫）所致，从字面意思看，睡眠病以昏睡的方式吞食病人的肌体，逐渐导致死亡，其过程又长达数年。此病的初期征兆是头疼、乏力、失眠，并伴有明显的压抑感。然后是患者精神衰弱、出现疼痛，夜间失眠，白天则昏昏欲睡。有的病情严重的患者用餐咀嚼时，会不知不觉地昏睡过去，昏迷不醒，直至死去。这种病仅发病于非洲地区，而且已有几个世纪的病史。

动物的蛔虫

在自然界有一些依靠寄生生活的动物，它们不能独立生活，必须暂时地或永久地依附在其他动物的体表或体内，夺取营养来维持生命，并引起不同程度的危害。这些动物被称为动物寄生虫，被寄生的动物称为宿主；寄生在体表的叫外寄生虫，寄生在体内的叫内寄生虫。蛔虫就是最为常见的动物内寄生虫之一。据有关资料介绍，在大熊猫的自然保护区，通过对野外动物粪便的检查，发现自由生活的野生大熊猫感染蛔虫的比例近乎百分之百，而且感染强度也很高，直接威胁着动物的健康。

蛔虫的种类有数百种，它的分布遍及全世界。动物的蛔虫病在我国各地都有流行，而且不同的动物可以寄生不同的蛔虫，例如猪、马、牛、羊、熊、虎、犬、猫、鸡、鸽、蟒蛇，以至国宝大熊猫，都有自己专性的蛔虫寄生，并引起相应的蛔虫病，它们之间一般是不会互相感染的。同样，人的蛔虫在正常情况下，也不会感染豺狼虎豹、鸡鸭牛羊等动物。

蛔虫是动物肠道线虫中最大的虫体，外部形态犹如线状。尽管各种动物的蛔虫大小不一、各有独特的形态构造，但它们的共同特征都是：形体较大，如同蚯蚓；虫体前端的口孔通常有三片唇围绕；食道简单，呈圆柱状；雌雄异体，雄虫一般小于雌虫，且尾部呈弯曲状。蛔虫的成虫主要寄生在动物的小肠，因为它们在宿主的小肠内最容易获取自身所需要的营养物。

蛔虫的发育属于直接型发育史，也就是说它们不需要其他宿主的参与，即可完成整个发育过程。蛔虫的虫卵随着动物（宿主）的粪便排出体外，在适宜的温度、湿度和氧气充足的环境中开始发育，经过若干时间，卵壳内发育成第一期幼虫，再过一段时间的生长，蜕化变成第二期幼虫，这时幼虫仍在卵壳内，但还没有感染能

猪蛔虫发育史 ►

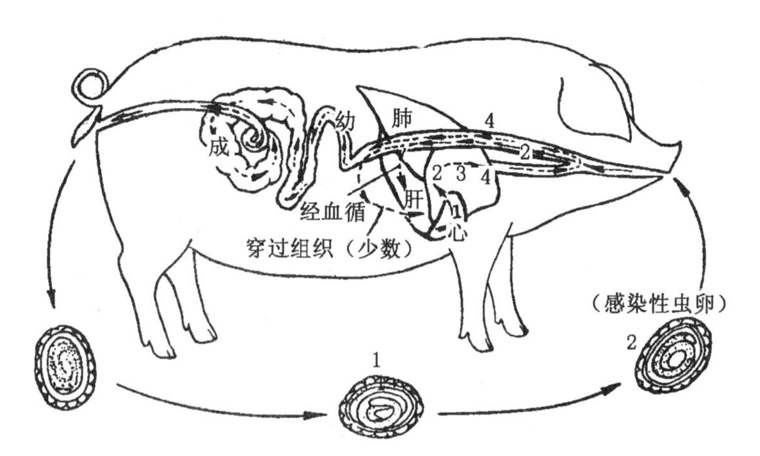

力，只有在外界再经过一段时间的成熟过程，才能达到感染性虫卵的阶段。

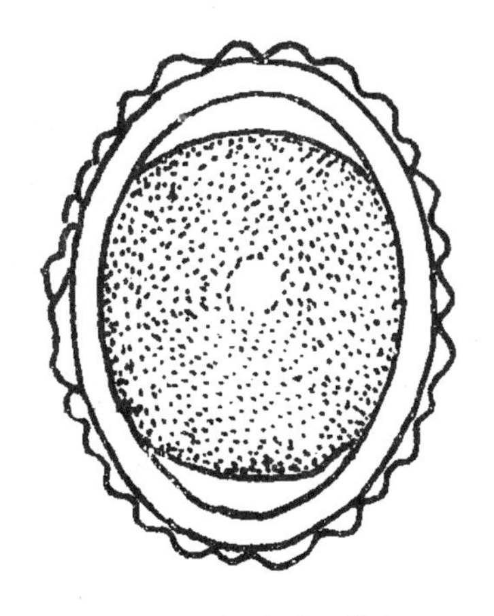
▲ 猪蛔虫受精卵

感染性虫卵被动物（专性宿主）吞食后，在小肠内孵化。孵化后的一段时间内，大多数幼虫即钻入肠壁并陆续进入血管，随血液通过门静脉到达肝脏。幼虫在肝脏内发育为第三期幼虫后，又随肝静脉、后腔静脉进入右心房、右心室和肺动脉到肺部毛细血管，并穿破毛细血管进入肺泡。凡不能到达肺脏而误入其他组织器官的幼虫，都不能继续发育。

幼虫在肺内生长迅速，当发育到第四期幼虫后，离开肺泡进入细支气管和支气管，最后上行至气管，随黏液一起到达咽部，进入口腔。在口腔再次被咽下，经过食道、胃返回到小肠，在小肠内幼虫完成最后一次蜕化后，逐渐长大，发育为性成熟的成虫（雄虫和雌虫）。不同的蛔虫发育时间及成虫寿命长短都不一样，如猪蛔虫从感染性虫卵被猪吞咽，到在猪小肠内发育为成虫，约需 2 ～ 2.5 个月，而成虫在宿主体内寄生 7 ～ 10 个月后，即随粪便自行排出；可是牛的蛔虫发育期仅需 25 ～ 31 天，其成虫寿命也只有 2 ～ 5 个月。

动物蛔虫病为什么能够在全球广泛流行呢？除了蛔虫的发育史比较简单，不需要别的宿主参与外，还跟蛔虫的繁殖力特别强、蛔虫卵对外界不利因素的抵抗力较强有关。以猪蛔虫为例，每条雌性蛔虫平均每天可产卵 10 ～ 20 万个，一生可产卵 3 000 万个。因此，有蛔虫感染的猪场，地面受虫卵污染的情况是十分严重的。而它的虫卵具有四层卵膜，内膜能保护胚胎不受外界各种化学物质的侵蚀；中间两层有隔水作用，能保持内部不受干燥影响；外层有阻止紫外线透过的作用，且对外界其他不良环境因素有很强的抵抗力；加之虫卵的全部发育过程都在卵壳内进行，使胚胎和幼虫得到庇护，这就大大增加了感染性虫卵在自然界的累积。

动物蛔虫病的临床表现，随动物（宿主）年龄的大小、体质的强弱、感染强度和蛔虫所处的发育阶段而有所不同。一般都是幼龄动物比较严重，成年动物则往往有较强的免疫力，能忍受一定数量的虫体侵害，而不呈现明显的症状，但成年动物却是本病的传染源。动物患蛔虫病后，一般表现消瘦、贫血、营养不良、被毛粗乱、生长发育长期受阻。严重时则造成动物呼吸困难，不愿走动，渐渐虚弱，趋于死亡。蛔虫过多时，可以造成胆管或肠道的阻塞，引起患病动物的急性死亡。

（施新泉）

蚂蟥（蛭）

我国蚂蟥有 10 种之多，在海南省中部及东部山区、年雨量较为充沛的竹林、低洼地和小溪旁，海南山蛭很多，常侵袭割胶工人，手指脚背常被蚂蟥叮咬，除失血外，还会引起溃疡，危害割胶工人的健康。

吸血蚂蟥具有特殊的消化系统，用猪血块饲养日本医蛭时，血块上留下的印痕就是它的前吸盘及口腔。日本医蛭的口腔内有 3 个有细齿的板牙，能咬破宿主的皮肤。吸血时，蛭收缩前吸盘，形成真空吸附于宿主皮肤上，蛭的肌肉同时收缩摆动，像锯子一样往返运动，使板牙上的细齿能将皮肤切开，咽肌收缩吸血，这个动作在一刹那间就完成了。同时，蛭将咽部的唾液腺分泌到流动的血液中，唾液腺中除含有抗凝血的水蛭素及组织胺类物质外，还有溶血块的纤维蛋白酶。宿主被蚂蟥啮咬时血流不止，就是抗凝血蛭素的作用。蛭咽喉后的食道连接容量很大的嗉囊，嗉囊也可以叫做胃，有 12 对分枝，能储存大量血液。血液内有蛭素就不会凝固，可供蛭慢慢地消化。把刚吸过血的小蚂蟥放在显微镜下，能清楚地看到它的每个嗉囊内都充满了血液。轻轻挤压，血就能从蛭口中流出来。有人做过实验，发现蛭一次吸血可以超出体重的 2.5 ～ 10 倍。排除血液内的水分后，蚂蟥能耐饥饿 200 多天。即蛭吸一次血，可以维持一年生命。实验证明，长时间吸不到血的蚂蟥，能消化自身不重要的器官来维持生命，但不消化生殖系统。吸血蚂蟥的消化道内有共生的真菌，能消化分解血液中的蛋白质及脂肪，分解的产物被蚂蟥吸收。如果在蚂蟥的嗉囊内注入青霉素，杀死真菌，就抑制了蚂蟥的消化作用。这种真菌是在蚂蟥形成卵茧时，通过分泌唾液腺传播给卵茧中的幼蚂蟥的。

▼ 蚂蟥

◆口的形状

近几年，上海、江苏等地有多家金线蛭养殖场大面积人工养殖宽体金线蛭。该蛭的主要食物为螺蛳，金线蛭将螺蛳卷住，前吸盘深入壳口，吸取螺体内所有软体部分。金线蛭已被制成中成药。

有些水生蚂蟥对于水中溶解氧的浓度很敏感，闷热低压的天气，蚂蟥在水中不规则地运动，不停地向水面游动，当溶解氧低到一定程度时，蛭会在水面露出半个身体，直接从空气中吸收氧气。有经验的农民用观察水蛭在水中的活动，来预报晴雨。还有利用水蛭研究水质污染的试验，调查河流中 DDT 残留量的状况。

除了上述的吸血蚂蟥以外，还有寄生于小动物体内或体外的小型蚂蟥。如鱼蛭寄生于鱼体的体表，吸取鱼的血液；蛙蛙蛭生活在河蚌或珠蚌的外套腔内，一只河蚌内常有十几条蛭寄生。少数蛭生活在池塘或河流的石块上，解剖多数河蚌，未见蚌鳃有任何伤害，蛙蛙蛭与蚌可能是共生关系。

蚂蟥属环节动物门，蛭纲，与蚯蚓、沙蚕的身体结构相似。但蚂蟥真体腔狭窄，虽分节但无刚毛。蚂蟥体表有一层透明的角质膜，在表皮之下有色素细胞，排列成不同的组合，在皮下形成多样花纹。不同种类的蚂蟥有不同的颜色，有绿色、黄色、棕色和红色等颜色，常见的宽体金线蛭有灰黑底间断的金黄色条纹，丽医蛭周身为绿色，边缘为红色。蚂蟥的肌肉发达，肌肉受神经控制，蚂蟥能在水中游泳、在附着物上作尺蠖状爬行、吸血、取食及各种生理活动。

蚂蟥是一种特化了的动物，全世界约有 500 余种，我国大约有百余种，多数生活于淡水或咸水里，在静水中的蚂蟥较多，在湖泊的浪激带也有一些特有种。湖泊沿岸带的植物上是水蛭生活与繁殖的场所，深水中很少，寒冷的冬季蛭可能进入深水中越冬。水生蚂蟥抗酸碱的能力很强，将宽体金线蛭放入 5% 的福尔马林中，7 ～ 8 天后，仅处于麻醉状态中。山蛭生活在湿度较大的山林中，1 000 ～ 2 000 米以上的高度也会遇到山蚂蟥。也有一些种类会从水中爬到陆地上取食。在海水中生活的种类不多。蚂蟥的触觉敏感，人在水稻田中走动，吸血蚂蟥会跟着水波游向人体；当我们采集标本，用手或其他物体拨动水时，蚂蟥就会游来。

蚂蟥的表皮中有神经纤维和感觉细胞，能感觉环境温度的变化。所以医蛭能逐波游泳，非常敏感地寻找食物；山蛭会从草丛中、灌木上趋向人体吸血，就是因为它们有这些灵敏的感觉器官。

蚂蟥的生殖方法与蚯蚓相似，雌雄同体，异体受精。蚂蟥交配后，环带部的分泌物形成卵茧，受精卵产于卵茧内。有的蚂蟥有保护卵茧的本能，直到小蚂蟥孵出卵茧。刚孵出的小蚂蟥会立即吸血。

（赖 伟）

蚯蚓的利用

蚯蚓分为微蚓和巨蚓，微蚓个体较小，分布在水中。我们通常所说的蚯蚓实际上是巨蚓类，大多陆生，个体较大，分布在世界各地，共有 1 800 种，它在土壤无脊椎动物的总量中占了很大部分。我国蚯蚓共有 14 个属，其中环毛蚓属是我国种类最多、分布最广的优势类群，约 130 多种。

蚯蚓身体最前端为肉质突起的口前叶，具有掘土和摄食的功能。蚯蚓的运动是由体壁肌肉层、刚毛及体腔液协同作用的结果。运动时呈波浪式蠕动，再加上刚毛的支撑作用，使蚯蚓不断前进或后退。蚯蚓长期适应穴居生活，故感觉器官退化。口腔附近有嗅觉及味觉器，有助于觅食。体背面有感光细胞，可辨别光线的强弱。

所有的蚯蚓触觉都很灵敏，它们的反应方式随种类及环境的不同而不同。科学家们在对一种陆正蚓的观察中发现了非常有趣的行为。当它在土壤表面搜寻食物时，经常将尾藏于穴中，如果碰到石头之类的物体，则停下来绕过此物向前运动。如果蚯蚓被碰撞，就会很快缩回洞穴，不再出现。如果完全在洞穴内，触动它时，其退缩反应就不很强，仅在刺激的近处立即退缩。当蚯蚓部分露于洞外时去抓它，它即刻用其刚毛伸于穴壁，并膨胀其后部体节，拒绝将其全身拉出，以至于抓紧穴壁完全堵住洞口。因此，特别是一条大蚯蚓，很难将它从洞穴中拖出来，往往会被拉成两段。当蚯蚓受到强烈刺激后，会变得非常“惊恐”，长时间地藏在洞穴深处。

蚯蚓有很强的再生能力，切成两段后可再生出头部和尾部，并且可以将切下的两段任意连接，形成长短不一的畸形蚯蚓。

多数蚯蚓喜欢在阴暗、潮湿、疏松且有机物丰富的酸性土壤中生活，常昼伏夜出，以地面枯草落叶等有机物及土壤中腐烂的有机物为食。一般活动温度为5～30 ℃，最适温度为20～26 ℃，超过32 ℃则生长停止，低于10 ℃则活动迟钝，5 ℃以下处于休眠状态，致死温度为40 ℃以上、0 ℃以下，但不同种或同种不同生理状态的个体也有所差异。蚯蚓的土壤最适湿度为20%～30%，栖息环境中含水量过高或过低都会对蚯蚓的生长发育及繁殖造成不良影响。蚯蚓对盐度的忍受力很有限，故海水生境中无蚯蚓栖息，海洋、盐湖都是蚯蚓传布难以逾越的天然障碍。蚯蚓以皮肤进行呼吸，除需要体表湿润外，还需要一定的通气条件，尤其是在种群密度很高时更为明显。在人工养殖蚯蚓时，加入疏松的饲料或定期翻松养殖基料，对蚯蚓的生长极为有利。蚯蚓的寿命一般为几年，最短几个月，最长可达十几年。

自古以来蚯蚓及蚓粪就是传统中药，仅李时珍著《本草纲目》中就有用蚯蚓的处方40种，蚓粪处方21种。我国药典称蚯蚓为“地龙”，对其剂量、用法、疗效均有说明。

▲ 蚯蚓

蚯蚓除了药用外，对人类经济的另一贡献是改良土壤。蚯蚓钻土掘穴，不断向前挖，向后排，洞穴可深达30厘米到150厘米不等。洞穴周壁光滑，如涂上油漆，洞的下端宽敞，蚯蚓可以休息盘旋转身。蚯蚓在土内不停地活动，把土壤掘成无数孔洞，使土壤面积增加3～12倍，扩大水分和空气的储备，给庄稼生长提供了有利条件。

蚯蚓掘土还改变了土壤的结构和成分，如果一亩土地上有4万条蚯蚓，每年可排出7～18吨蚯蚓粪土，可改变沙石土地为壤土。据分析，这些壤土所含的氮素多了 5 倍，磷酸多了 7 倍，钾盐多了 11 倍。由于蚯蚓钙腺的分泌可以中和酸性土壤，更适合植物生长，并且蚯蚓的掘土使土壤中的微生物更好地繁殖，也直接有利于植物生长，所以说大家称颂蚯蚓为“改造大自然的功臣”。现在人们更是利用工业化手段繁殖蚯蚓，用来处理各种有机垃圾，蚯蚓又成了环保功臣。

（杨志彪）

知识链接

小实验

用垫板做一个 45° 的斜坡，放一条蚯蚓在斜坡的中间，在正常情况下，蚯蚓全靠身体肌肉的收缩和体表刚毛的配合，总是向前移动的。

蚯蚓的躯体有许多环体节组成，所以称为环节动物。尖的一头是前端，粗的一头是后端，用刀切去蚯蚓的后 5 个环节，再把它放在 2 ～ 3 张潮湿的草纸上，扣上玻璃杯，隔几天洒水，投入菜叶，一个月后，蚯蚓重新长出失去的后端，可见蚯蚓具有很强的再生能力。

活化石——鹦鹉螺

早在5亿年前的寒武纪晚期，地球上就出现了鹦鹉螺。它的外貌虽然有些像蜗牛，但在亲缘关系上却与乌贼、章鱼更接近，同归于软体动物门头足纲。不过，乌贼的外壳已经变为一条扁平的内骨骼，衬托在体内，作为全身支撑之用，而鹦鹉螺的外骨骼（即壳体）却包裹在体外，作保护肉体之用。

今天，热带海洋里见到的鹦鹉螺是地质时期鹦鹉螺类残存的后裔，而且只有一个属类，所以有“活化石”之称。不过，古代的鹦鹉螺绝大多数都是直壳型的，而现代的鹦鹉螺则是卷曲的壳体，很像蜗牛之类的腹足动物。

鹦鹉螺的贝壳很大，直径可达20厘米，壳口长8厘米左右，左右对称平旋，没有螺顶。它外表较光滑，为

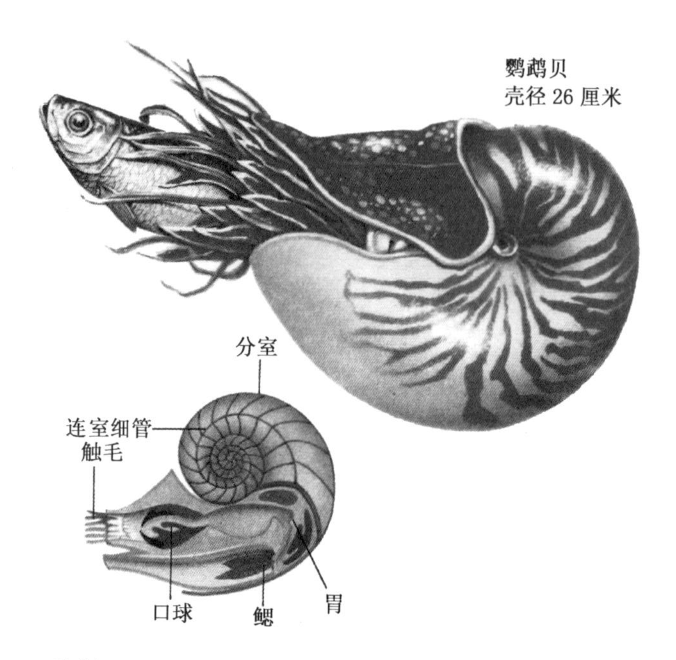

▲ 鹦鹉螺

灰白色或淡黄褐色，并具有许多橙红色或褐色波状横纹，内面有极美丽的珍珠光泽。

鹦鹉螺的头部构造同乌贼十分相近，前缘绕有许多触手，其中有两条结合在一起，变得较粗。鹦鹉螺将身体缩到壳里的时候，就用它盖住壳口，这同田螺、螺蛳壳口圆片状的厣的作用相似，能够起到保护身体的作用。鹦鹉螺有点偏食，只吃荤，不吃素，而且无意摄取一般微生物。在觅食的时候，它们会伸出触手向四周展开，将小鱼、小虾或小蟹等猎物包裹起来，然后进行吞食。在休息的时候，或只游动而不取食的时候，它的触手都缩进壳里，只留 1 ～ 2 个触手在外面，进行警戒或行动。此外，它的触手还可抵贴岩石，固定身体的位置。

鹦鹉螺的壳内由许多弧形隔膜分隔成许多小室，最外的一个小室体积最大，是它居住的地方，叫作“住室”。其他小室，体积较小，可以贮存空气，叫作“气室”。每个隔膜中央有小孔，连成小管，同最外的肉体相连。鹦鹉螺不断长大，小室的数目也随着增加。

白天，鹦鹉螺在海底休息，日落以后才出来活动，它常常在珊瑚质浅海底爬行，但也会游泳。它的游泳方式与乌贼相仿，用足部特化而成的、彼此覆盖的侧片形成的漏斗收缩喷射海水，以反作用力来推动身体前进。在水中活动时，它依靠螺旋的壳内的气室，通过调节气室内的空气，使身体在海中沉浮。所以，鹦鹉螺可算是地球上最早的潜艇模型（法国曾将新式潜艇命名为“鹦鹉螺号”）。但是小马力的“机器”却不能长久负担它那沉重的外壳，因而它无法长期漂浮在水中，大部分时间下沉在海底生活。

科学家在研究活的鹦鹉螺时，发现它们的小室壁上有一条条清晰的环纹，这是生长线。每个壁上都有 30 条生长线。奇怪的是，同一个地质年代的鹦鹉螺化石的生长线数目是一样的。例如，距今 3.26 亿年前的鹦鹉螺化石却只有 15 条生长线。由此可以看出：鹦鹉螺的生长线数目是随着年代久远不同而变异着的，由近代推向远古，它的生长线越来越少。这是什么原因呢？根据生物学家的研究和天文学家的推算，那些生活在海底的鹦鹉螺，记录着月亮在亿万年漫长岁月里的变化——在距今 3.26 亿年前，月亮离地球较近，月亮绕地球一周需要 15 天，鹦鹉螺每月留下了 15 条生长线；在距今 7 000 万年前，那时月亮离地球远了，绕地球一周需要 22 天，鹦鹉螺每月留下了 22 条生长线；现在月亮离地球更远了，月亮绕地球一周需要 30 天，海中的鹦鹉螺每月制造出 30 条生长线，正好记录了月亮绕地球一周的天数。因此，有人称鹦鹉螺是了不起的海洋“天文学家”。

鹦鹉螺是一种十分稀少的底栖性软体动物，今天的分布局限于西太平洋，我国仅产在台湾、海南岛和西沙群岛海域，而且数量极少，国家已将它列为一级保护动物。

（华惠伦）

知识链接

分布范围

主要分布于西南太平洋热带海区，集中分布于菲律宾群岛南半部（据说是菲律宾的特产）和新几内亚的新不列颠岛海域，澳大利亚的大堡礁、斐济群岛海域也有分布；中国的西沙群岛、海南岛南部，从台湾东部沿着琉球群岛，一直散布到日本群岛南部的相模湾；向西则从西南太平洋一直散布到印度洋。马来群岛、台湾海峡和南海诸岛也有分布，我国发现 1 种。

巨型乌贼之谜

巨型乌贼是世界上最大的无脊椎动物，身体有一辆公共汽车那么长，体重可达 1 吨。它的眼睛有足球那么大，直径 20 多厘米。多年来，虽然海洋生物学家一直努力地在寻找它的栖息地，但至今还没有人看到过它活生生的个体。正因为如此，巨型乌贼蒙着几分神秘的色彩。历史上对巨型乌贼有种种传说，如罗马人笔下的大海怪、挪威神话中的北海巨妖、想象中巨型乌贼捕捉渔船的情景等等。

丹麦著名博物学家杰皮斯特・斯丁斯特拉普从 1849 年起就开始研究巨型乌贼，为了给它在自然界中找到一个位置，故起名为"首席乌贼"。后来，生物学家安德森教授分析了哈维牧师的两件巨型乌贼标本后，让科学界最终承认了巨型乌贼是一个新物种。于是，"首席乌贼"

这个名称流传到今天。

最初，科学界并不清楚巨型乌贼属于软体动物门，后来根据它的特征，把它归入软体动物门下的头足纲，它与乌贼、章鱼、鹦鹉螺是亲属。

目前，全世界只有250多件巨型乌贼标本可供研究，更令人遗憾的是，这些标本不是残缺不全就是严重损坏。科学家在研究中发现一件怪事：在这些标本中，几乎没有发现雄性和幼年的巨型乌贼，这是个谜。

从北大西洋的纽芬兰到苏格兰，甚至在挪威浮冰四布的海面上，居住在这些地区的人都一直在说他们曾经看到过海中怪物。而在南大西洋，如南非的好望角，人们也称见到过巨型乌贼的尸体。在浩瀚无际的南太平洋中的新西兰岛，看到巨型乌贼尸体更是常事。

但令人不解的是，人们为什么没有找到它们的栖息地呢？据科学家推测，这是因为巨型乌贼可能栖息于200～1 000米深水的地方，这个深度人们很难到达。这种推测有两个依据：一是渔船进行深海拖网时，偶尔捕到过巨型乌贼；二是人们在抹香鲸的腹内曾发现过巨型乌贼的残骸，而这种鲸通常在海面下10～1 000米的深度捕捉食物，它们偶尔才到海底捕食。此外，解剖巨型乌贼的尸体，发现它们的身体结构完全适应于深海环境。

通常，一只巨型乌贼在海面上被发现时，它很可能正在死去。因为对巨型乌贼而言，它体内的血蓝蛋白（运输氧气的化合物）在温暖的海水里会变得效率低下，当它逐渐地浮上海面时，水温也逐渐地升高，肌肉也慢慢地变得松弛无力。此外，巨型乌贼的两只直径达25厘米的大眼睛在黑暗的深海里得到了进化，不可能适应海面上的强光。因此，当它浮出海面时会因为强烈的光线而致盲，变得脆弱不堪。这就是为什么人们不能捕捉或看到活生生的巨型乌贼的原因。

据《吉尼斯世界纪录大全》记载，1888年人们在纽芬兰看到的巨型乌贼是有记载以来最大的乌贼，它长18.3米（包括腕），重1吨。目前已知巨型乌贼的生长周期约为5年。试想，一个仅100毫克重的受精卵，在这短短的几年里要长成18米长，1吨重的身体，它们应该吃多少东西呢？这确实令人不解。

1977年，几位科学家对3只巨型乌贼的胃内物进行仔细分析，发现有底栖的双壳贝、甲壳动物，以及中层水域的竹荚鱼等的残骸，甚至还发现了章鱼和小乌贼的残迹。这说明它们都是巨型乌贼的食物。一些专家推测，巨

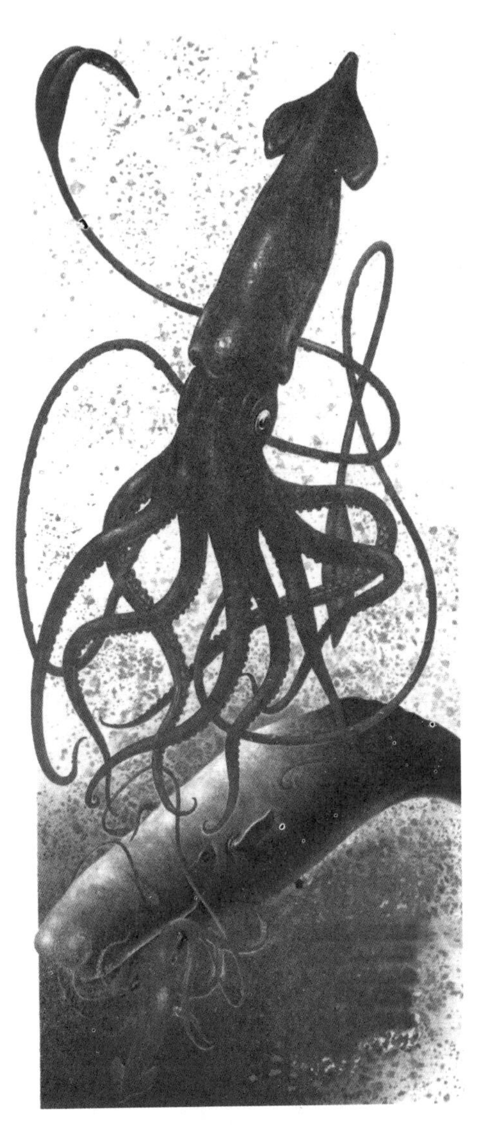

▲ 巨型乌贼

型乌贼利用身体的自然浮力垂着头漂在水底，等待毫无觉察的鱼群从头部下面经过时，用长长的腕把鱼一个个拣起来送进口中。但这样的进食方式有一个无法解释的问题——捕获的食物无法满足巨型乌贼基本的营养要求，它们怎样生存下来呢？另一种解释认为，巨型乌贼是积极的捕食者，常常埋伏起来伺机出击，可以捕获大量猎物，满足自身需要。

（华惠伦）

纺织卫士——蜘蛛

目前，科学家已经命名了约四万种蜘蛛（要知道世界上总共只有 4 000 种哺乳动物），尽管如此，还有将近 50% 的蜘蛛科学家连名都叫不上。

谈起蜘蛛，首先我们必须懂得，蜘蛛并不是昆虫。昆虫有 6 条腿，而蜘蛛则有 8 条。与许多昆虫不同的是，蜘蛛没有翅膀和触角。蜘蛛是一种节肢动物，它与蝎子、螨虫等同属一个纲——蛛形纲。蜘蛛的种类很多，最小的蜘蛛体长只有 0.5 毫米，最大的可达 90 毫米。

蜘蛛的求爱方式十分有趣。雌雄蜘蛛在外形上很相似，只是在体色和斑纹上有些区别。蜘蛛的种类很多，婚配的“风俗习惯”也不完全一样，人们研究得最多的是一种叫蝇虎的蜘蛛。这种蜘蛛在求爱时，雄蛛要在雌蛛面前做一番舞蹈表演，边舞边小心翼翼地向雌蛛靠近。

这时，雌蛛如果不动，并把前面两对足缩到胸前，轻轻抖动她的脚须，就表示接受了对方的爱情。这时雄蛛会迈着轻快的步伐，爬进网内和雌蛛举行婚礼。如果雌蛛没有这种表示，而雄蛛贸然前往，很有可能被雌蛛吃掉。更令人惊讶的是交配以后，大多数雄蛛会被饥饿的雌蛛吃掉。真可谓是死亡爱情。但这也是生殖生理上的需要，雄蛛的身体可以补充雌蛛的营养，使其后代强壮。

蜘蛛的生育能力差别很大。有的蜘蛛一次只产几粒到十几粒卵，而有的蜘蛛一次就能产上千粒卵。

蜘蛛捕食的范围很广，包括各种昆虫、蜈蚣、马陆、蚯蚓，有时甚至捕食比它身体大好几倍的小鸟。食鸟蛛就因捕食鸟类而得名。食鸟蛛是蜘蛛中的“巨人”，大小像拳头（5～15厘米），4对足外展时体宽可达20多厘米。它具有喷丝结网的独特本领，能在枯树枝间编织黏性很强的网，这种网可以经受住300克的重量。食鸟蛛一般在夜间活动，白天隐藏在网附近的巢穴或树根间，一旦有猎物落入网内，它就迅速爬过来，抓住猎物，分泌毒液将猎物毒死作食物。由于这种蜘蛛十分凶悍，人类也得提防。

蜘蛛的取食也有独到之处。面对捕获物，它不是马上狼吞虎咽地吃掉，而是先用“牙”将毒液注入捕获物的体中，使其处于麻醉状态，然后再慢慢地吸食。科学家受其启发，参照其毒汁成分合成一种无害的催眠剂，并设想将其注入宇航员身上，使其在漫长而枯燥的星际航行中休眠，在必要的时候醒过来，从而大大延长宇航员的寿命，以解决人类目前的寿命远远不够航天所需要的时间的问题。

蜘蛛多数能纺丝，丝是蜘蛛腹部的纺织腺分泌的。幼蛛利用游丝飘到高山顶上；定居的蜘蛛利用坚韧而富有弹性的丝建筑居所；游猎的蜘蛛巡游各处，猎捕害虫；而大多数蜘蛛用丝编织罗网。蜘蛛的泌丝结网，在仿生学上给人们很多有意义的启迪，它不仅能够消灭害虫，是人类的“益友”，同时也与人类的科学事业有密切的联系，是人类的“良师”。

蜘蛛是天才的建筑家，它能用最少的丝织成面积最大的网，而且选址恰当，脉络分明，造型合理，能承受巨大的拉力。人们仿照蛛网的力学原理，成功设计了“悬索结构”来建造大跨度的屋顶和桥梁。蜘蛛八卦形的网，具有极强的抗震能力。美国泰恩卡大学的约翰纳普顿工程师模仿蜘蛛网设计了一种特别的屋顶，用于足球看台的上方，以遮日挡雨。蛛网还有一个特点，就是能吸收空气中的水分，旱时供蜘蛛饮用。这一现象在有雾的天气更明显。加拿大物理学家罗伯特经过仔细观察，大胆想象，发明了一种“网雾化水”的抗旱新方法。罗伯特于 1992 年选择智利北部恩果树这个多雾的干旱沙漠地区，实施“网雾化水”工程，为干旱的沙漠地区居民解决了用水问题。

在仿生学上，蜘蛛也给人类以很大的启发。蜘蛛的头部和胸部都长着4条腿，它的腿非常奇特，里面不是肌肉而是液体。蜘蛛的行走是靠腿里的液体压力剧增或者剧减来进行的。这是一种动物界少有的独特运动法——液压传动法。人们根据这一原理制成了万吨水压机和油压机。

蜘蛛的拉丝器官启示科学家研制出了人造纤维喷丝头。研究发现，蜘蛛腹内有一个纺织腺，是专门用来贮存和制造丝液的地方。纺织腺有6种腺体，分别制造不同的丝液。纺织腺与腹部后端的6个吐丝器相通。吐丝器被表面膜覆盖着，上面有一千多个小孔，纺织腺里的丝液就是从这些小孔里挤出来的。丝液一遇到空气，马上就凝结成很细的丝。科学家根据蜘蛛纺织器官的结构和工作原理，成功地研制成人造纤维喷丝头，可以生产出形形色色的新型人造纤维，有力地促进了化学纤维工业和纺织工业的发展。

（李　娜）

虎蠕形螨的发现

蠕形螨又称脂螨或毛囊虫，它寄生于动物和人的毛囊及皮脂腺内，引起皮肤病。每种动物均有其专一的蠕形螨寄生，例如犬蠕形螨、牛蠕形螨、羊蠕形螨、猪蠕形螨、马蠕形螨和人毛囊蠕形螨等，其中以犬蠕形螨较为常见，并引起明显的临床症状。

1983 年 6 月 29 日，上海动物园的一只华南虎分娩一胎 3 仔，虎妈妈母性很强，自己哺乳。起初 3 只小虎长得很健壮，可是当幼虎双满月时，饲养员发现小虎头部的皮肤出现线条状的脱毛，就请动物园的兽医来做检查。

兽医根据小虎的临床表现，在其头部的脱毛部位，使用较钝的刀片蘸上甘油水溶液刮取病灶采样，放在显微镜下进行实验室诊断，发现有不同发育阶段的蠕形螨寄生，这些虫体很活泼，在显微镜下还能作原地蠕动。

借助于生物显微镜，兽医很容易观察到各个发育阶段虫体的形态特征：蠕形螨的成虫狭长犹如蠕虫，体长约为0.25～0.3毫米，由头、胸、腹3部分组成，胸部具有粗而短的足4对；雄虫的生殖器官——雄茎在胸部背侧突出，而雌虫的生殖器官——阴户则在腹面；虫卵呈纺锤形，长70～90微米；幼虫只有3对足；若虫虽有4对足，但性器官尚未发育成熟。

据有关文献记载，蠕形螨的发育虽可分为虫卵、幼虫、若虫、成虫4个阶段，但它的全部发育过程都可在同一个宿主（动物）的身体上进行。幼龄的动物免疫能力较差，感染后临床表现可能较为明显；成年的动物由于不断地适应外界环境，防御机能渐趋完善，临床症状也就轻微得多。但所有文献均未见有老虎患蠕形螨的报道，更何况华南虎又称中国虎，是中国特有的野生动物，那么幼虎身上采集到的虫体究竟是什么蠕形螨呢？

▼ 虎蠕形螨虫卵

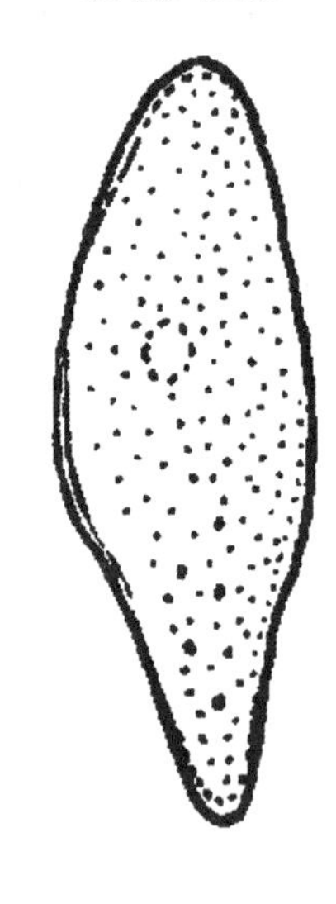

动物园的兽医把这些蠕形螨制成玻片标本后，与世界上已经报道的动物蠕形螨一一对照，发现它的形态特征似乎不同于所有的动物蠕形螨，仅与猫体身上寄生的猫蠕形螨相似，但仍有明显的区别。最后邀请上海医学专家会诊，进行了普通生物显微镜的检测以及电子显微镜的扫描观察，确定寄生在幼虎身上的蠕形螨是一个至今尚未被全世界发现的寄生虫新种，就起名为虎蠕形螨。该论文在1985年10月我国的《动物分类学报》上正式发表，引起世界各国科学家的浓厚兴趣，他们纷纷来函索取有关资料，国外相关的图书馆、资料室也纷纷收藏了这篇论文。

动物蠕形螨病的发生，主要是因为健康动物与患病动物的直接接触，或是健康动物与被污染的物体间接接触，经皮肤感染，个别的动物体也可以经口感染或胎盘感染。幼虎蠕形螨病的确诊，人们不禁要产生这样一个疑问：这3只小虎出生仅两个月，就有明显的临床症状表现，并且在发病部位能采集到各个发育阶段的虎蠕形螨，它们的感染来源究竟是谁？被感染的途径又是什么呢？

动物园的兽医带着这些疑问，在幼华南虎断奶之后，把虎妈妈装运到兽医院的病房里进行隔离检查。经过仔细地临床诊断，在虎妈妈的头部、体部和尾根部都找到了同样的虎蠕形螨，这样就可以初步确诊幼虎蠕形螨的感染来源就是它们的虎妈妈，虽然虎妈妈的临床症状还

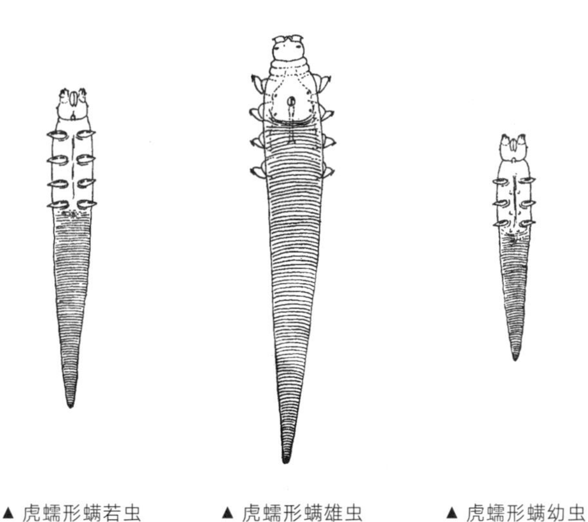

▲ 虎蠕形螨若虫　▲ 虎蠕形螨雄虫　▲ 虎蠕形螨幼虫

没有幼虎那么明显。至于幼虎被感染的途径，究竟是经皮肤、口，还是胎盘感染，尚需进一步验证。

幼华南虎感染蠕形螨后，普遍出现被毛粗乱、无光泽。触摸患部皮肤，手感粗糙、油腻，可有砂粒大至米粒大的结节。患兽还表现出消化不良、腹泻等临床症状，影响了幼虎的正常发育，幼虎明显地比健康的同龄幼虎瘦小。

动物园的兽医采用有效药物对3只幼华南虎进行治疗后，患兽的发病部位逐渐长出新毛，砂粒样结节减少，外观被毛恢复整齐和光泽，皮肤趋于平整。几个月后，兽医对幼虎再进行皮肤采样镜检，发现虎蠕形螨的数量明显减少，较难找到，但是还不能彻底根治。

（施新泉）

古老的鲎

时光倒流到4亿年前的古生代泥盆纪。那时，海洋里生活着一种由三叶虫进化而来的披着厚厚甲壳的无脊椎动物——鲎。此时恐龙还未出现，原始鱼类才刚刚问世。斗转星移，4亿年过去了，与鲎同时代的动物或进化或灭绝，只有鲎至今仍然保留着它那原始而古老的相貌，人们称它是“活化石”。

鲎是一种棕褐色、身披坚硬甲壳的肢口纲节肢动物。其形体呈瓢状，由头胸部、腹部和长长的剑尾3部分组成。它体形较大，成体的体长可达30～60厘米。头胸部的盾甲呈马蹄形，长得有点儿怪模怪样，因此鲎又被叫作“海怪”、“王蟹”或“马蹄蟹”。虽然它被叫作“蟹”，但跟蟹不是同类，与蜘蛛和蝎子倒是近亲。鲎的头胸部和腹面有6对附肢，腹甲较小，呈6角形，腹部有5对

▲ 鲎

片状游泳的腹肢和 5 对用于呼吸的鳃。

鲎喜欢生活在以泥沙为基质、波浪比较平静的海湾内，或爬行，或游泳，或钻入泥沙中，主要吃海底蠕虫和薄壳的螺和蚌。

现在人们已发现了约 120 种鲎的化石，但现存的鲎仅有 3 个属、4 个种，即中国鲎、美洲鲎、马来鲎和圆尾鲎，分布在亚洲大陆东南海域和北美洲大陆的大西洋沿岸。

现存的鲎以中国鲎和美洲鲎数量最多，但近年来只能在北美看到美洲鲎群集的壮观场面。每年春天，多达数十万只的鲎从深海底涌到美国新泽西州和德拉瓦湾的海滩上生儿育女。有趣的是，雌鲎个体比雄鲎大两倍多，爬上海滩时，雌鲎经常背着雄鲎。雌鲎在初月或满月时，在大潮高潮线附近挖洞，并产下橄榄绿色的小卵，再由雄鲎排出精子使卵受精。退潮时，大批鲎又被卷回大海中。在鲎产卵期间，上百万只从中南美洲飞往北极圈的候鸟，顺道停歇在这里啄食营养丰富的鲎卵，以储备长途迁徙所需的能量。根据有关记录，在此停留的候鸟能吃掉超过 300 吨的鲎卵。虽经如此惨重的洗劫，但仍会留下足够的鲎卵经数周的日照后孵化。受精卵发育成为类似三叶虫的幼虫，再经过两次蜕皮成为幼鲎。幼鲎逐渐迁移到较深的海域中生活，大约经过几十次蜕皮生长，10 年后才能够性成熟。

鲎虽古老，但它对人类生活却有很大的帮助。与人类不同，鲎的血液含有铜离子，呈淡蓝色，且其中缺少具有防御功能的白细胞。令人迷惑的是，当细菌一旦侵入到它身体内部，鲎便会因体内血液凝固而死亡。1955 年，一位美国的博士发现鲎血快速凝固是鲎身体防御重要方式：当鲎壳受到损伤时，流出的血液会很快凝固，以防止细菌侵入体内。鲎血的凝固过程是由细菌产生的内毒素引发的，因此利用鲎血不仅可以检测活的细菌，而且能检测细菌分泌的内毒素。于是人们从鲎血中提取出“鲎试剂”，用来检测人体内部组织是否因为细菌感染而致病。用鲎试剂检测的最大特点是速度快、灵敏度高，只需一小时就可知晓检测结果。这种试剂在抢救因内毒素休克的病人时，具有重要意义。在制药和食品行业中，也可用它对毒素污染进行严格的监测。用于静脉注射的葡萄糖或氯化钠等注射液中如果含有极少量的细菌或其内毒素，输液后病人就会出现寒战、高烧等反应，严重时甚至会危及患者的生命。因此我国规定静脉用的注射液和特殊部位使用的注射剂，必须用鲎试剂进行细菌或细菌内毒素等的检测。在国外已经将鲎试剂应用扩大到检查食用水的无菌程度。

目前，我国对鲎的保护意识还相对薄弱，加之不合理地开发和利用，近年来已造成鲎资源锐减，现状令人担忧！

（安传光　樊玉杰）

最爱吃蟹话甲壳

“蟹螯即金液，糟丘是蓬莱。且须饮美酒，乘月醉高台。”是唐代大诗人李白对吃蟹的精彩描写。几百年来人们视蟹为“生平独此求”，以食蟹而一解朵颐之快。不知爱吃蟹的你是否注意过它的甲壳，这里面还真有不少学问。

螃蟹属节肢动物门，甲壳亚门，软甲纲，十足目。蟹的身体由头部、胸部和腹部构成，头部常与胸部合成头胸部，行动器官为附肢，体被甲壳，用以保护身体，大多数生活在水中。蟹的种类繁多，它的甲壳亦是千姿百态。那么就让我们来看看蟹的“盔甲”吧！

产自日本海的巨螯蟹有着巨大的“盔甲”，它的两只巨螯张开有4米长，头胸甲宽40多厘米，堪称世界之最。这么强大的装备，足以让巨螯蟹丰衣足食，在深海过着自由自在的生活。不过，其他蟹的小“盔甲”一样引人注目。瞧，关公蟹头胸甲上的沟纹酷似京剧中关羽的脸谱：竖眉、吊眼、大鼻子，还有一团胡须，不愧“关公蟹”的美名。这样的尊容加上用一块石头、一块贝壳或一片海藻来伪装身体，对避敌捕食都是非常有利的。雷诺鳞斑蟹的盔甲虽美丽却危险，这种斑蟹的头胸甲呈五角形，表面有鳞斑状或钝圆状颗粒，连螯肢的表面也有与头胸甲类似的颗粒，且步足上有粗圆颗粒，整体背面底色呈米黄或淡橙，并有栗色的大小不规则斑块。这种蟹有毒，毒素分布在各种组织，以菲律宾产的雷诺鳞斑蟹毒性最大。

蟹的“盔甲”虽然坚不可摧，但是，蟹在生长过程中需要蜕壳，刚刚蜕壳的蟹甲壳一般比较软，一段时间后才恢复坚硬，这段时间内蟹最容易受到伤害。然而，寄居蟹似乎没有这个麻烦，因为它有一副抢来的“盔甲”。寄居蟹的腹部柔软，没有坚硬外壳的保护，但它很聪明，会去抢个空螺壳背，负壳而行，受到惊吓时会立即将身体缩入螺壳内。有的蟹本身甲壳就是又薄又软，如豆蟹。豆蟹生活在浅海，因形似小豆而得名，小小的体形，可谓是螃蟹中的侏儒，它栖息于活牡蛎壳内的外套膜中。豆蟹有牡蛎壳的保护，所以步足移动能力与视力皆已退化，甲壳也变得薄且软。

有的蟹的“盔甲”还会变色。活蟹的体色，由于种类不同，环境的差异，而有所不同；但是不论活蟹是什么体色，只要把它加热，都会变成红色。这是因为蟹体内的色素蛋白质在受热的时候发生变性，原来同蛋白质结合在一起的色素“逃”了出来，才变成红色。另外，虾蟹死后，由于体内的蛋白质变性，色素逃离，也会使外壳变成红色。后来有人从龙虾卵中把这种色素分离出来，取名虾青素。

▲ 巨螯蟹

活着的蟹，甲壳如此美丽，是蟹的“盔甲”；死后，甲壳亦是鲜艳夺目的红，让人馋涎欲滴。对于堆积如山的螃蟹壳、龙虾壳，除了丢掉之外，还有什么作用呢？答案是“减肥”。

但甲壳是不能直接拿来吃的，而是需要经过多道加工，变成甲壳素之后，才能荣登“油脂克星”的宝座。甲壳质溶解之后，就像一张张开的渔网，用来捕捉脂肪、胆固醇与过多的盐分。

甲壳素是几丁质和几丁聚糖的合称。几丁质与几丁聚糖是类似纤维素的高分子糖类，不具有毒性且可以被生物体分解，具有生物活性，被视为最具潜力的生物高分子。

在自然界中几丁质是地球上含量最丰富的氨基多糖，含量仅次于纤维素，年生物合成量高达100亿吨，可以说是用之不竭的生物资源。它主要存在于昆虫类及水生甲壳类等无脊椎动物的外壳上，以及真菌类的细胞壁中，它在生物体中主要是作为身体骨架并起到保护作用。几丁聚糖是几丁质脱去乙酰基的产物，通常将几丁质脱去乙酰基 70% 以上，即可变成可溶于酸性的几丁聚糖产物。

其实，甲壳素日益得到人们的重视，是因为除了以上提到的减肥功效之外，它在很多领域都发挥着作用。如在工业领域，甲壳素是一种环保纤维源，它具有无毒、无味、耐晒、耐热、耐腐蚀、不怕虫蛀、可降解等特性，有望成为塑料的替代物，以解除人类所面临的“白色污染”，消除有毒有害物质对人体的威胁。

（丁银娣）

三最动物——昆虫

在我们生活的这个色彩斑斓的地球上，有一类动物一直与我们人类比邻而居，它就是昆虫。

昆虫一般很小，有的几乎看不见，但它是整个生物圈中著名的“三最”生物，即昆虫的种类最多、数量最大、分布最广。说它种类最多，是因为昆虫要占整个生物已知种类的55%，占整个动物已知种类的70%。也就是说，在自然界中昆虫的种类要比植物、微生物和其他动物种类的总和还要多。目前，已经知道全世界的昆虫种类约为100万种，还有许许多多的种类没有被发现，据保守的估计，昆虫在地球上的种类约有300万种，这是任何生物都无法比拟的。说它数量最大，是因为整个地球上昆虫的数量无法统计，简直就是一个超级天文数字。我们无法知道地球上有多少个蚂蚁巢，有多少个蜜蜂巢，但我们知道一个较大的蚂蚁巢就有约 20 万个个体，小一点的巢也有几万只蚂蚁。而在土壤中，每平方米的面积就有 10 万个昆虫个体。由此，可想而知地球上昆虫的数量有多大！

昆虫不但数量惊人，而且它的历史悠久。昆虫出现在古生代的泥盆纪，距今 3.5 亿年前，那时就有很原始的昆虫出现。在距今 2.7 亿年前的石炭纪出现了原始的有翅昆虫，到古生代的后期，昆虫就大量出现。它与我们熟悉的三叶虫是同一时期的产物，比大型动物恐龙的出现还要早 1 亿年左右，而人类出现至今才 300 万年。那么，经过漫长的时间变化，为什么恐龙灭绝了，三叶虫灭绝了，而昆虫还活在地球上呢？这是因为它们长有能飞行的翅膀，食量又比大型动物小得多，加上它们的繁殖能力特别强，个体小，易于躲藏，这些都是昆虫能存活到现在的原因。

说了那么多的关于昆虫的事，那么昆虫有哪些特征呢？首先，昆虫的身体一般分成 3 段：头部、胸部和腹部，一般有 1 对触角、两对翅膀、3 对足。如果你仔细观察一下，还会发现许多昆虫具有相同的特征，像蝗虫、蟑螂、螳螂、蚂蚁，它们的嘴都是咀嚼式的，可以用牙齿切碎树叶、肉，或者是其他固体。另外一些像知

▼ 蝴蝶

了、叶蝉、蝽象、面具虫、龙眼鸡、蚊子、跳蚤等，它们的口器是刺吸式的，有一根坚硬的针状吸管刺入植物、动物的表皮，吸取它们的汁液或血液。还有一些像蝴蝶、蛾子等，它们的嘴也是一根吸管，但是这根吸管是可以卷曲起来的，不用的时候就卷曲起来放在头部的下面，用的时候会将吸管伸直，吸食花蜜或露水。

昆虫的 3 对足根据功能也能分成许多类型，像蝗虫、跳蚤、蟋蟀，它们的后脚特别强壮，遇到危险时能快速跳跃，叫“跳跃足”。如果按照身体的比例来算，跳蚤是世界上跳得最高的动物，高度可超过体长的近百倍。另外，一些昆虫的前脚进化成铡刀状，主要是用来捕捉猎物的，像螳螂、田鳖等，叫“捕食足”。同样，昆虫的翅膀根据它们的作用也能分成很多类型，像蝴蝶、蛾子等，它们的前后翅膀上布满了细小的鳞片，就像鱼身上的鳞片，所以叫“鳞翅”。最特别的是苍蝇、蚊子，前面我说过，昆虫有两对翅膀，可你们观察过没有，苍蝇、蚊子有几对翅膀？它们只有一对看得见的翅膀，可它们还是昆虫，那另外一对翅膀到哪里去了呢？原来是长期的进化使它们的后翅逐渐缩小，变为一对细小的平衡棍，主要作用是保持飞行时身体的平衡。

昆虫还有许多特别的地方，比如我们知道人的骨头是包在肉中的，可你们知道吗？昆虫的骨骼就是它的外表皮，它是骨头在外，肉在内。还有昆虫的复眼是由小眼组成，家蝇的一个复眼约有 4 000 个小眼，蝴蝶约有 15 000 个，蜻蜓有 28 000 个小眼。所以它们的目光非常敏锐。

根据它们的习性，人类将昆虫分成有益昆虫、有害昆虫和观赏昆虫 3 类。

有害昆虫又分为卫生害虫、建筑害虫、仓储害虫。如苍蝇、蚊子，以及虱子、跳蚤等害虫经常叮咬人类，吸食鲜血，而且还会传染许多疾病。

有益昆虫又分为传粉昆虫、药用昆虫、原料昆虫、食用昆虫和天敌昆虫。

另外一些具有欣赏价值的昆虫叫作观赏昆虫，主要有蝴蝶、甲虫、蟋蟀、蝈蝈。在辛勤劳动一天之后，看看彩蝶飞舞，听听蝈蝈鸣唱，能使人涤虑澄怀，赏心悦目。

这就是昆虫，一种既让人爱、又让人恨的“三最”动物。

（殷海生）

蟋蟀文化

蟋蟀属于昆虫纲中的直翅目，与其相近的许多种类都是重要的农业害虫，但由于蟋蟀的好斗性，使其备受人们的关注。南方一般称之为蟋蟀，北方称之为蛐蛐。古时候也叫促织，号称“天下第一虫”。

蟋蟀的身体一般以褐色或黑色为主，在一些终年不见阳光的洞穴内，也有白色的蟋蟀。它们体格强壮，头部较圆，有大而发亮的复眼和细小的单眼，触角很长，有些种类的触角长度甚至是自己身体的 2 至 3 倍，以便在漆黑的洞穴中代替眼睛来感受周围环境的情况。由于不断地格斗，它们的牙齿异常坚硬和锋利。它们的前胸（俗称：项）非常结实和宽厚，腹部粗壮，雄性的前翅上有一个叫镜膜的区域，薄而透明，如同鼓膜，左前翅和右前翅在不断的摩擦中发出鸣叫声。雌性的前翅一般很短，没有发音区域，因此雌性蟋蟀是不会叫的。蟋蟀后翅很长，一般到成熟期后就会自动脱落（个别种类除外）。在腹部的后端有尾须，上面有许多感觉毛。雌性的腹端还有一根细长的、如同长枪般的产卵瓣，主要是用来插入泥土之中产卵。蟋蟀的 3 对足非常有力，尤其是它的后腿，能进行强有力的跳跃。在它前脚的小腿上，内外两侧各有一个薄膜状的听器（俗称：耳朵），用来感觉各种动物的音波。

蟋蟀鸣叫的主要目的是求偶，每年 7 ～ 11 月间，雄虫栖息在草丛、土穴、石块、瓦砾中，多在夜晚，频繁鸣叫，招引雌虫前来。此时的叫声不紧不慢，持续长鸣，几分钟一歇。如其他雄虫侵入领地，就会发生一场格斗，或把侵犯者赶出领地，或被侵犯者占领，自己出逃。胜利者会发出强劲有力、长短相间的鸣叫，以示胜利。鸣声终于引来了雌虫，雌雄相交，雄虫会发出弹琴般轻幽的“滴沥沥——滋”的声音，如倾诉心曲。蟋蟀的发音器构造和纺织娘稍有不同，蟋蟀的左右两翅结构完全相同，在左前翅内角的发音部分有两条弯曲并行的脉状突起，将发音器分隔为前后两部；在两条突起之间的空隙处，是锯齿状结构，供另一翅的炉状器在此摩擦，齿突愈多，接触点也愈多，发音器的振动也愈强烈。当右翅放在左翅上面摩擦时，左右翅协同发出声音，奏出悠扬和谐的乐曲。由于蟋蟀的发音组织较细致，每当左右翅摩擦时，能发出多种频率的音调，而且在振翅时，翅膀举高的角度可以在 45 ～ 65 度之间任意调整。翅的角度高，则音量大，翅的角度低，则音量小。

▲ 蟋蟀

早在2 500年前，我国古人就在《诗·豳风》有“七月在野，八月在宇，九月在户，十月蟋蟀入我床下”的描写。宋朝，由当时的丞相贾似道编写了世界上第一部有关蟋蟀研究的专著《促织经》。所以在中国，蟋蟀文化源远流长。

蟋蟀的分布范围非常广泛，从北方的北京一直到广东、广西、福建、云南和西藏都有蟋蟀的标本，但一般以山东、河北、安徽和江浙一带的蟋蟀较为有名，尤其是山东省宁津地区的蟋蟀，个大色优，每年一届的蟋蟀节吸引了无数的国内爱好者和港澳同胞来此采购。山东宁津的蟋蟀由于身强体壮，勇猛善战，多次获得大赛的冠军。因此，每年八九月间，去宁津采购蟋蟀的人员是浩浩荡荡。当地政府也就把蟋蟀作为一种资源加以开发，在1991年8月举办了首届“宁津蟋蟀节”。

随着蟋蟀文化的不断发展，与其相关的另一种文化也随之壮大，那就是虫器文化。“工欲善其事，必先利其器”。围绕着蟋蟀的捕捉、饲养和格斗，许多相关器具就应运而生，如虫罩、虫网、水盆（蟋蟀的水杯）、饭板（蟋蟀的饭碗）、饭匙、铃房（通俗地讲就是蟋蟀的洞房）、过笼、绒球、芡草、草筒（用以存放芡草的筒）、斗格（蟋蟀角斗的盒子）等。蟋蟀的虫盆主要是泥盆。相传泥盆的使用还与贾似道有关。在唐朝时，饲养蟋蟀一般使用笼子，有竹笼、银笼和金笼等，但蟋蟀怕光，后又改用瓷盆。瓷盆难以透气，因此那个误国害民的贾宰相就想出用泥盆，这样既可避光，又能透气。他让苏州陆墓镇上的一个窑主制作一批泥盆进献，用后感觉非常适合，于是苏盆就风行于世，成为养虫者的首选之物，陆墓镇也就闻名于世了。另外还有毫戥秤，也叫“横”。主要是在格斗前用来称量蟋蟀重量的器具。它以“正”为单位，“正”以下为“点”，一“正”等于十“点”。一般用象牙做秤杆，用红木做秤盒，十分考究。

这些虫具除了用于养虫斗虫之外，本身也是具有收藏价值的手工艺术品，深受日本和欧洲人士的喜爱。

（殷海生）

昆虫乐手

每当皓月当空，在草丛中、在树枝上常能听到昆虫欢快的歌声，这是鸣虫在唱歌。

鸣虫基本属于直翅目昆虫，主要有蛉蟋、树蟋、油葫芦、钟蟋、片蟋以及螽斯类的纺织娘等。这些种类中除油葫芦是生活在地洞内以外，其余的种类都生活在草丛中或树枝上。它们中的雄性一到夜晚，就会振动翅膀，发出美妙的声音，来吸引雌性，雌性虽然没有发音器官，无法用音乐与雄性交谈，但它们的身体上有听觉器官，能根据雄性声音的高低、距离的远近，来到雄性身边，完成繁衍后代的任务。有趣的是蟋蟀类鸣虫，它们雄性的左右翅是相同的，而螽斯类鸣虫，它们雄性的左右翅是不同的，一般右前翅有镜膜，能起到摩擦后产生共鸣的作用。

▲ 鸣虫

这类昆虫一生要经过卵、若虫和成虫3个阶段，通常一年一代，成虫秋天交配后产卵。卵在泥土里、树皮中或砖块下度过寒冷的冬季，第二年春天孵化成若虫。经过10次左右的蜕皮，发育为成虫。这时已经到了炎热的夏季，经过一段时间花前月下的“弹琴”说爱，它们各自找到自己的配偶，便步入洞房，繁衍后代。当深秋来临，在一片萧瑟中，它们以哀鸣告别这个世界。

养虫离不开虫具，随着社会的发展，虫具制作也越来越精细，材料也越来越考究，有陶瓷、竹、木、塑料、葫芦、牛角、象牙、金属和有机玻璃等等。从虫具的形状可分为：盒、管、笼、葫芦4种。前两种主要饲养小型的蟋蟀类鸣虫，后两种主要饲养螽斯类的鸣虫，因为它们的体形较大。

目前，鸣虫的种类主要有：

墨蛉（也叫赤胸墨蛉蟋），它体形娇小，身体细长，全身黝黑发亮，胸部为暗红色，主要生活在草丛中，分布在我国的南方地区。

黄蛉（也叫灰黄蛉蟋），与墨蛉基本相似，但全身金黄色，鸣声优美，因此有金色小提琴手的美称，被誉为

"鸣虫第一高手"。黄蛉主要生活在茅草丛中，主要分布在我国江浙一带和台湾。

黑虫（也叫黄脸油葫芦），体形较大，黝黑发亮，复眼突出，沿复眼内缘有一根白色眉纹，脸为黄色，牙非常坚硬。黑虫一般生活在草地洞穴中。国内从南到北都有分布。它的叫声比较凄切，从6月开始可一直叫到10月底，尤其在雨后，叫声更加凄惨，文人墨客常以描绘它的鸣叫声来感慨人生的悲哀。

马蛉（也叫日本钟蟋），身体扁平，黑褐色。雄性前翅形如瓜子状，半透明，镜膜很大，因其叫声清脆欢快，带有很浓厚的回音，也称之为"黑色吉他手"，深受人们的喜爱，在鸣虫歌手排行榜上位居第二。马蛉多生活在近地表的落叶中或砖块下。

竹蛉（也称黄树蟋），体形扁平，全身淡绿色，鸣声欢快，被誉为"林中古筝手"。竹蛉主要生活在灌木丛中，以植物的叶片为食。白天躲藏于叶片的背面，夜晚爬上叶片鸣叫。

纺织娘体形相对较大，为枯黄色或绿色。前翅很长、很宽，竖立在身体两侧，后腿也非常长。一般生活在较密集的灌木丛中，夜晚出来鸣叫，因其叫声如同古时织布机的织布声，故名"纺织娘"。它尤其喜爱在南瓜藤上活动，喜食南瓜的花朵。有时为了逃生，它会自动折断后脚来摆脱捕捉者。

蝈蝈（也叫优雅蝈螽）体形大，一般为碧绿色。头大，翅短，腿长，腹圆。通常生活在灌木丛中或庄稼地里，以植物的茎干和果实为主食，尤其喜食毛豆，是鸣虫中叫得最响的一类。

姐儿（也叫鼓翅鸣螽），体形比前两种略小，全身翠绿色，非常鲜艳。雄性前翅与腹部差不多等长，薄而透明。因翅膀形状如同妇女的拖地长裙，所以有“姐儿”之称。姐儿为螽斯类鸣虫中的精品，饲养较难，不易过冬。

蟋蟀科中被养来听声的还有棺头蟋蟀、长颚蟋蟀等，其中较大的是油葫芦。油葫芦体长 25 毫米左右，触角 45 毫米。最大的是大蟋蟀，又名花生大蟋，体长 40 毫米，触角 55 毫米。油葫芦的鸣声如“居幽幽幽”、“吉吉吉”，似油从葫芦中倾注而出的声音，故名“油葫芦”。大蟋蟀的鸣声雄厚高亢，声如“奇衣——奇衣——”，有时鸣声娇细恬静，如“里——里——”长鸣。更为有趣的是，蟋蟀的鸣声可当作温度计使用，只要数准蟋蟀在 15 秒内的鸣叫次数，如 9 次，再加上 40，就是当时的华氏温度。

（殷海生）

萤火虫之光

当你夜晚漫步在林中，时常可以看见黄绿色的荧光从眼前飞过，这就是萤火虫，它属于鞘翅目中的萤科。体形较小，扁平，一般为黑色、红褐色或褐色。头比较小，隐藏在前胸背板的下面。前胸背板多为半圆形，鞘翅宽扁，上面有隆起的条纹。雄性腹部末端两节和雌性末端一节可以发光。全世界的萤火虫已知有 1 900 多种，我国约有 80 种。

萤火虫发光的主要目的是求偶，它们的求偶在夜间进行。有人实验发现，萤火虫在强光照射下是根本不发光的，如把它的头部遮黑，它就会发光，这说明萤火虫的视觉对发光的作用，它也能接受同类萤火虫的光信息。前面说到萤火虫有 1 900 种左右，又都在夜间活动，但它们之间决不会乱交，因为不同种的萤火虫能发出不同色彩的光，有浅蓝、有橘红、有淡黄、有雪白，还有闪出三色光的。即使发出同色的萤，又有不同的亮度、波长，像拍电报一样，有长短不一的信号，这种信号，只有同种才能认识。有趣的是，同种萤火虫中的聪明者，会模拟雌虫的闪光信号，诱骗其他雄虫离开“目标”，而自己趁隙占有“目标”。更有甚者，模拟其他萤火虫的信号，诱骗雄萤火虫前来交配时趁机把它吃掉。

萤火虫的光是一种缺乏红外线的冷光，它通过闪光觅得配偶。萤火虫雄虫有翅膀，雌虫缺翅膀，但身体略大。雌虫交配后，就在草堆边、沟池畔的潮湿土壤中产下许多淡黄色的卵。这些卵粒也能微微发光。卵孵化约需 20 余天。初出壳的小毛虫，尾端也已经能发光，它以捕捉各种小动物为生。到了蛹期，它的躯体如水晶般的透明，不停地蠕动，也会发光。蛹经过 14 天左右羽化为雄成虫，带着小灯笼飞来飞去，雌虫就只能趴在草茎上，不时地闪亮，招呼雄虫。

萤火虫性食肉，捕食各种昆虫和小动物为生，幼虫最喜欢吃软体动物，如蜗牛、钉螺、螺蛳等。尽管软体动物有一个硬壳，蜗牛会分泌黏液，但萤火虫的幼虫有强大的颚，而且还会分泌一种麻醉剂，使猎物神经麻痹，进而分泌消化酶，把软体动物肌肉溶解成肉糜，完成体外消化后慢慢吮吸。萤火虫消灭钉螺，杀灭蜗牛等有害昆虫，对人类有益。

为什么萤火虫会发光呢？研究表明萤火虫的发光器官位于腹部的最后两节，在白天它是灰白色的。发光器官由发光层，透明层和反射层3部分组成。发光层由许多发光细胞组成，发光细胞中主要的发光物质是萤光素和萤光酶。萤光素是一种耐高热物质，易氧化。在有氧存在的条件下，加上酶的作用，它就能发光。发光层主要是把化学能转变成光能，透明层是在发光层的外面，起保护发光层的作用。反射层位于发光层里面，它的功能是不让光射到内部器官，而把光反射出去，起增强光亮的作用。由于发光时几乎不产生热量，所以萤火虫作为一种冷光源正日益受到人类的重视。1963年，美国Hopkin大学的化学家从萤火虫体中分离并鉴定出它的化学结构，定名为萤光素。萤光素实际上是一种可以被氧化的物质，它必须在萤光酶的催化下，才能被氧化发光。生物可直接将化学能变成光能，利用率达90%以上。人们剖解生物体中的发光结构，然后人工合成类似物，这种类似物如用在建筑物上，可使建筑物发出柔和的光亮。如用于纺织品，会使纺织品显示出奇异的光泽。国外科学家已经成功地将萤光素置入烟草中，使烟草在夜间也能发出微弱的荧光。也许有一天，人类屋前屋后的树木和路边的行道树都能发出荧光，那该是一种多么令人陶醉的美妙的夜景啊！国外利用生物发光

▲ 萤火虫

的原理，为潜水员设计了一种发蓝绿光的生物发光灯，这种生物荧光灯由于不会产生磁场，所以常用来作为清除水雷时的照明。

在台湾的嘉义县乐野村曾发生过萤火虫大发生的奇观。曾有约 10 万只萤火虫，在乐野村的夜空中漫天飞舞，荧光将大地照映得清清楚楚，村民行走山路根本不用手电。而新西兰的萤火虫洞可以说是该国的一绝，是所有造访新西兰的观光客不可不看的。它位于新西兰北岛的威多摩，这里的萤火虫不是我们常见会飞的、屁股后闪耀着一明一灭荧光的虫子，而是像小蚕宝宝一样的若虫，它的尾部会发出恒久不灭的荧光，就像一根火柴，它静静地趴在萤火虫洞的洞壁上，不怎么移动，使漆黑的洞顶看上去就像满天繁星的夜空，漂亮极了！此处被称之为新西兰的七大自然奇观之一。

（殷海生）

蜉蝣和朝生暮死

我们经常可以在小溪边看到数不清的昆虫围着路灯上下飞舞，这些昆虫有着较大的透明翅膀，身体的尾部拖着两根长长的细丝，飞舞起来非常漂亮，周围的地上也落满了许多同样的昆虫，这些昆虫就是蜉蝣。蜉蝣的名字源于这种昆虫飞行时速度比较缓慢，如同在空中浮游一般。

蜉蝣属蜉蝣目，蜉蝣科。蜉蝣是有翅类昆虫中最低等的种类。它算得上是个“老古董”了，早在3亿年前就出现了。在古生代二叠纪的琥珀中发现的蜉蝣，距今也至少有2亿年了。世界上现有2 000多种蜉蝣，我国发现有近100种。

蜉蝣的朝生暮死现象，在我国古代就有记载。2 000年前的《礼记》《诗经》中就有“五月蜉蝣……朝生而暮

蜉蝣 ▶

死”，“蜉蝣之羽、衣裳楚楚”等句。到晋朝傅咸写的《蜉蝣赋》中，描述得更加有趣：“有生之薄，是曰蜉蝣。育微微之陋质，羌采采而自脩。不识晦朔，无意春秋。取足一日，尚又何求？戏停淹而委余，何必江湖而是游。”意思是说：蜉蝣生来体弱，生命短暂，自生自长，一身华丽，不识初一和月半，更不知春天和秋天，活一天就够了，还有什么要求？欢欢喜喜一时，又何必遨游四海。

其实，这都是误解。蜉蝣的生命长达 2 ～ 3 年，只是成虫期寿命很短，有的仅几个小时，一般的 1 ～ 2 天，最长 1 周。羽化为成虫一般发生在日落后，成虫大群飞舞，似在极盛时却又纷纷坠落地面，尸体积成厚层。有一年夏天，笔者去庐山旅游，夜宿的饭店开了灯，蜉蝣趋光而来，地上积起厚厚一层，足有 2 厘米，脚踩上去，嚓嚓有声，收集起来足可装满一卡车。如立即烘干或趁新鲜用来喂鸡、喂鱼，真是极好的饲料。在成虫羽化高峰期，大批蜉蝣死在江、湖边的道路上，有时使道路滑得无法行车。北美曾发生蜉蝣凌空飞舞，遮天蔽日，致使灯塔不明，妨碍航行；公路上汽车也无法通行。好在这种情况只是短暂的数小时。

蜉蝣的羽化分成两个阶段，刚出水时，它还披着一身半透明的薄膜，显得有些发暗，不活泼，也不能交配，要经过最后一次蜕皮，才成为翅膀透明、色彩鲜明的成虫。成虫体长约 1 厘米，4 翅高举，前翅阔，后翅小，在空中飞舞时，上上下下，或周旋，或直飞，没有一定规律，但有一个共同目的：寻找配偶交配。成虫不能取食，消化器官变成贮满空气的气球状，助其飞翔。完成交配任务的雄性就会飞到树叶上，静静停下来而死，雌蜉蝣在近水处产卵后死亡。

各种蜉蝣产卵方法不一，有的产出后直接附在外物上；有的整团产入水中，任其自然散开；有的还会潜水，在水底石块上产卵，然后浮出水面，休息换气，再潜入水底产卵，产卵数量从几百粒到几千粒不等。产卵后，雌蜉蝣也悄悄离世。蜉蝣都是卵生的，只有一种例外，是卵胎生。

蜉蝣一生经过卵、幼虫和成虫 3 个阶段，科学家称之为原变态昆虫。蜉蝣的卵经过约 10 天的孵化变为幼虫，幼虫生活在水中，有食藻类等植物的，也有肉食性的，具有突出的适应性变异。幼虫的头大，脚长，有 1 对短触角，3 条长尾须。钻掘型的身体呈圆筒形；生长在溪流中的体形扁，而且有带钩的刺，以便攀附在岩石上。过了 3 ～ 4 天，幼虫身上出现成对的气管腮，片状、丝状都有，约有 5～7 对，因不同品种而不同，以适应水中生活。它们藏身在水底，缓缓生长，到了冬天则躲在石头下或水草间休眠，到春暖花开再重新活动。幼虫在水中生活长达 2～3 年，其间需蜕皮 23～30 次后才浮出水面羽化，蜉蝣的幼虫一旦出了水域，还戴着一个假面具，这个假面具是一层薄衣，套在身上，体色暗黑，翅上半透明，边缘多毛，这个时期有人称它为亚成虫，将进行最后二次蜕皮。在水面上，亚成虫背部薄衣开裂，亚成虫从中钻出，在几秒钟之内，即飞到树枝上静伏不动，在几小时以内，亚成虫最后一次蜕去暗褐无光的外衣，连翅膀也要蜕换成透明的薄翅，剥去丑陋的外衣后，一只全新的颜色鲜艳、色泽亮丽、适于飞翔的成虫便形成了。

目前，科学家利用不同种类的蜉蝣生活在不同水质中的特点，将它作为水质污染程度的指示昆虫，用来监测水质的好坏。

（殷海生　沈　钧）

蜉　蝣

蜉蝣目通称蜉蝣，有翅亚纲的 1 目。

蜉蝣是目前已知的寿命最短的昆虫，主要分布在热带至温带的广大地区。全世界已知有2 100余种。中国已知有100余种。常见的有蜉蝣科和四节蜉蝣科。

蜉蝣的稚虫和成虫是许多淡水鱼类的重要食料。不同种类的蜉蝣稚虫喜欢在含氧量不同的水域中生活，因此，它们是测定水质污染程度的指示生物。另外，对蜉蝣目昆虫的研究，有助于进一步阐明从无翅昆虫到有翅昆虫的进化过程。

已知有14科、约2 250种，我国已知有大约250种。蜉蝣属古生翅类，号称“活化石”，最早发现的是石炭纪古蜉蝣化石。

螳螂与天敌昆虫

螳螂在昆虫中属于螳螂目，它的种类很多，全世界共有 2 200 余种，我国已知有 100 多种。螳螂的形态比较鲜明，体形一般为长条状，颜色有绿色、黄色、褐色、白色或具有金属光泽。头部为三角形，能左右活动，复眼强烈突出，嘴非常发达，牙齿坚硬。螳螂的前脚很大，特化成铡刀状，并且还有许多小刺，便于捕捉猎物和切割食物，同时还能防止猎物逃脱。

螳螂的行走姿态非常特别，以中、后脚着地，昂首信步，形如骏马，所以民间有“天马下凡”的传说。而西方国家则把螳螂称为“祈祷者”，因为它在等待猎物时前脚的铡刀合拢，向两侧伸出，露出头部和胸部，静静守候可达一小时。一旦发现猎物，便迅猛出击，用前脚卡住猎物，用牙齿咬食。螳螂的取食范围很广，大到小型的两栖类、爬行类，小到昆虫、蜘蛛，都可成为它的美味佳肴。它尤其喜爱蝗虫、蝴蝶和蝉。但螳螂和螳螂之间也有相互残杀的习性。小螳螂刚刚孵化出来时，为了获得生存，有时会自相残杀，已经孵化好的小螳螂将刚刚孵化的螳螂，或是还在襁褓中的螳螂杀死，以得到更多的食物和生存空间。

螳螂扑击的速度极快，前后只需 0.05 秒的时间。螳螂能如此快速，主要靠它的复眼和颈前两侧的感觉触毛。螳螂的两只复眼很大，视野广，发现猎物会把信号迅速传递到大脑，头部便对准目标。它的感觉触毛是两个感受器，由几万根弹性毛组成，头转动时，触毛的感觉细胞传到大脑，纠正视觉器官的偏差信号，然后准确无误地将猎物砍死，送进嘴里。

螳螂在交配前后食欲更旺，不论是异类还是同类，它都不会放过。有人观察到，一只受孕的雌螳螂不但吃掉了和它交配的雄螳螂，而且吃掉了另外6只试图前来交配的雄螳螂。因此，对于雄螳螂来说，要想与雌螳螂交配确实要冒极大风险，要为种族繁衍做出牺牲。那么，新娘是不是一定非要吃掉新郎呢？过去，

▼ 螳螂

有的动物学家认为雌螳螂对其配偶的这种谋杀行为，是为了刺激雄螳螂脑组织的抑制物的释放，有利于更有效地交配，所以偶尔将配偶吃得精光。美国加利福尼亚州立大学的里斯克和戴维斯做了实验，把孵化出的螳螂分成3组，第一组自由取食；第二组在交配前饥饿5～11天；第三组饥饿3～5天，结果，严重饥饿一组中的雌螳螂在未发生交配时就对雄性发生攻击。而自由取食并不饥饿的雌螳螂交配后没有发生一起吃咬雄螳螂的事。这说明雌螳螂吃新郎只是因为饥饿。

交配过的母螳螂等到要产卵时，从尾端两组圆筒形的细管中分泌出无色稠胶状的液体，并用腹部末端两扇宽阔的生殖瓣不断搅拌，使黏液混合空气，成为灰白色的泡沫。不到几分钟，这糨糊状的黏液干燥凝结成卵室，然后在每个室内顺序排上产一层卵，而后又盖上一层泡沫，逐层增加，最后盖上坚实外衣，中央隆起一个人字形脊背，两侧鳞次栉比，靠近脊背的两侧各有一列小窗户，这是幼虫将来出袋的门径。每个卵袋大约藏有100个鹅黄色的卵。孵出后的幼虫就钻出小窗，从腹部放出细丝，悬挂在空中，过了一龄，丝带消退，阔头大眼的幼螳螂就跳跃于草丛间，捕捉小虫，它还要蜕皮8～9次才长成。这时，它的翅膀才发育完全，能够进行飞行。

由于螳螂是捕食性的昆虫，一生之中能消灭数以万计的害虫，因此人类一直将它作为人类的朋友而善待它，并将它与七星瓢虫和草蛉并称天敌昆虫中的三姐妹。螳螂的卵袋叫作桑螵蛸，中医入药，可治疗阳痿、遗精、腰痛、经漏等。在欧洲农村，人们认为桑螵蛸有治疗冻疮和牙疼的功效。

现在还有人将螳螂的卵块采集后，孵出幼虫，喂其小虫，作为观赏虫饲养。也有捕捉成虫，放在生境箱内，喂以羽蛾幼虫、蚱蜢等，并以螳螂斗刀、螳螂捕蝉等活动作玩赏。

20 世纪 50 年代后，人类对自己过多地依赖于农药来防治害虫的方法进行了深刻的反省，深深感到化学毒剂对人类以及后代的毒害、对地球和对自然界的破坏。因此，利用昆虫天敌来防治害虫的理论越发得到各个国家和各级政府的认可和支持，并投入大量的人力和物力进行相关的科学研究。螳螂是一种重要的天敌昆虫，一些国家和地区通过长期的深入研究，大力发展螳螂的人工饲养，并进行短期释放，起到了很好的灭虫效果。相信在不久的将来，人类可以放心大胆地食用各种蔬菜瓜果，不用担心因施用农药而造成对自己肝脏的损害。

（殷海生）

蜜蜂和传粉

春暖花开，万物复苏。在百花争艳、万紫千红的季节，如果你稍加留心，就一定会发现有许多昆虫不停地穿梭于花丛之中，它们中既有“嗡嗡”不停的蜜蜂、熊蜂、马蜂，也有多姿多彩的甲虫和五彩缤纷的蝴蝶。尤其是蜜蜂，似乎与花形影不离，哪里有花，哪里就一定有它。事实上，与蜜蜂喜欢花一样，植物也同样喜欢昆虫，并想方设法为自己的花涂脂抹粉，乔装打扮，以招引更多的昆虫。

在植物开花结实的过程中，需要借助于外力的帮助来进行传花授粉，其形式多样，而最主要的要数虫媒与风媒。所谓虫媒，即昆虫为植物充当红娘，传送花粉，使植物完成授粉、结实的过程。当然，昆虫为植物传粉也并不是无私的援助，它们通过这一行为从植物那里获得报酬——花粉、花蜜等食物，使自己得以生存与繁衍。在植物与传粉昆虫这一共生系统中，经过漫长的进化过程，植物与传粉昆虫为了实现各自的自身利益，形成了多样的吸引和利用对方的生存战略。虫媒植物为了让更多的昆虫为自己服务，首先要将昆虫吸引到花上来，所以植物的花一般都色彩鲜艳气味芬芳。然而只靠色彩、香气等广告手段，大多数的情况下，还是很难长期诱引传粉昆虫。因此，大部分虫媒花都以某种形式为服务者提供一定的报酬：有些以分泌花蜜的形式来招引食客，有些则生产大量的花粉，也有些则向传粉昆虫提供一些能成为昆虫信息素材料的气味性物质，或向昆虫提供一些树脂等营巢材料。除了吸引较多的传粉昆虫为己授粉外，为了实现异花授粉的目的，最好希望访花者接下来的去处为同种异株植物。因此，植物还必须控制好报酬量，若分泌的花蜜量太少，来访者不足的话，授粉效果当然不会好。但如果花蜜量分泌过多，一朵花的蜜量已经满足访花者要求的话，来访者就不会继续它的服务，导致授粉效果下降。

▲ 蜜蜂

植物的花形构造也是在长期进化过程中获得的一种重要性状。对于传粉者来说，取得花蜜的难易程度取决于花形，尤其是蜜腺的位置。有些植物具有细长的筒状花，蜜腺位于花的里面。对于这样的花，只有口吻长的昆虫才能吮吸到花蜜。有的植物则具有皿状花，蜜腺露于外面，因而即使口吻短的昆虫也能采到蜜汁。具有此类花的植物有时为了限制利用花蜜的昆虫种类，只在特定的时间带分泌花蜜。植物就是这样使用各种手段来选择自己意中的媒人。曾有人观察到，有77种植物的花在开放后的不同时间内改变颜色。实验证明，蜜蜂至少能区分700种不同的花香，而且花粉的香味与花香不同，蜜蜂可借花粉的气味来区分植物种类。传粉昆虫的活动促成花形的特化，如花瓣形成筒状等等。

蜜蜂性喜阳光，白天在花上活动或飞翔，是最大的虫媒昆虫类群。蜜蜂、熊蜂等社会性昆虫从种群整体来看，能利用很多种类的花，但对每只具体的蜂来说，一般仅访问为数不多的种类。将花的种类限定于一定范围，并通过学习行为，掌握进出花的方法，增加单位时间内的访花数量，能提高采蜜效率。有的昆虫为了提高采蜜效率，将利用的植物种类减少到最低程度，甚至于专一化，这样就会在同种花之间连续采蜜，其结果是植物授粉效率得到了提高。蜜蜂采蜜时为农作物授粉，可提高产量，其价值更高。国内外研究表明，利用蜜蜂授粉，可使油菜增产30%～50%，棉花增产5%～12%，果树增产55%，向日葵增产30%～50%。大豆增产11%以上，牧草30%以上，荞麦可达50%，荔枝可达2倍多，苜蓿甚至可达10倍。据美国利温（1983）报道，蜜蜂为各种作物传粉所获得的直接与间接经济效益要比蜂产品收益高 143 倍。为推动蜜蜂为农作物传粉，美国和日本都有 1 ／ 4 蜂群以出租方式有计划地投入作物传粉促高产优质生产活动中。除蜜蜂外，切叶蜂、壁蜂、彩带蜂和熊蜂等不少种类也已在欧美等国家商品化生产，并应用于作物传粉中。我国近年也开始开展这方面的研究，同时从国外引进试验推广。但是由于农药的大量使用、空气和水的污染、森林和湿地等遭到破坏，传粉昆虫和鸟类的生存环境越来越恶劣，它们的数量也在大量减少。全球传粉昆虫和鸟类数量日益减少将严重影响粮食作物以及水果和蔬菜的生产。

（居申寂）

蝴蝶和蛾子

蝴蝶和蛾子是隶属于昆虫纲鳞翅目的昆虫，世界上共有 20 万种。我国约有 8 000 种，其中蝶类约有 2 000 余种。体形有大有小，颜色多种多样，一些种类非常美丽，一直受到人类的喜爱，被称为会飞的花朵。它们两者之间还是有差别的：蝴蝶的触角如同棍棒状，一般白天活动，而蛾子的触角如同羽毛状，一般在夜间活动。

蝴蝶和蛾子的一生要经过 4 个时期：卵、幼虫、蛹和成虫。

卵期：卵多种多样，颜色也五彩缤纷，有粉红色的，有淡绿色的，有乳白色的，还有黄色的；形状有长条状，有圆形，有卵形；卵上有些有花纹，有些有条纹；有些卵产在植物叶片的正面，有些卵产在叶片的背面，还有些卵产在植物的树皮里。

幼虫期：它们在幼虫时期的模样比较丑陋，让人害怕，人们常称之为毛毛虫。它们的身体上有时长满长长的毛刺，或者具有鲜艳的色斑。这时它们为满足自己身体生长的需要，拼命取食植物的叶片、茎秆或者果实，所以在这一阶段，它们是我们人类的一大害虫。一旦它们吃饱喝足，就会变得越来越懒，从而进入另一个生长阶段。

▲ 蝴蝶吸蜜

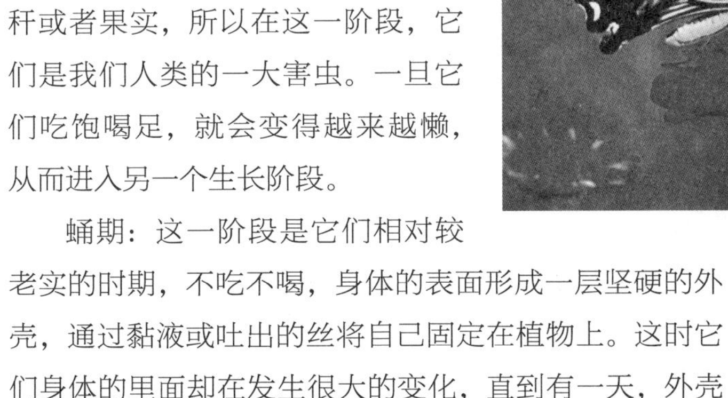

蛹期：这一阶段是它们相对较老实的时期，不吃不喝，身体的表面形成一层坚硬的外壳，通过黏液或吐出的丝将自己固定在植物上。这时它们身体的里面却在发生很大的变化，直到有一天，外壳裂开一条缝，一只长着漂亮的翅膀、具有 6 条腿的蝴蝶或蛾子羽化出来。

成虫期：这是它们一生中最美丽的阶段，也是它生命结束的时期。这一时期，它改变了它的菜谱，用它特有的吸管式的嘴，吸取花蜜或其他汁液，补充营养。雄性不断地上下翩翩起舞，吸引雌性与它共度良宵，一旦完成任务，雄性很快就会死去，而雌性就会寻找一个适合它孩子取食，而且较为安全的地方产下它们爱情的结晶：卵。

蝴蝶和蛾子的一生是美丽的，也是短暂的。它的寿命一般为一年左右。每当冬季来临，它们就会死去，但是它们的卵和蛹却能抵抗严寒，渡过难关，使种族不断地延续下去。

在蝴蝶王国里，有一类蝴蝶非常珍奇，那就是阴阳蝴蝶。所谓阴阳蝴蝶是蝴蝶在生长过程中，因为基因的突变或其他外界的偶然影响，而产生雌雄现象集中在同一个体身上。一般来说就是一侧的翅膀具有雄性特征，另一侧的翅膀具有雌性特征，两侧的图案花纹不同。因其特殊异常，数量极其稀少，所以备受蝴蝶爱好者的青睐。一般蝴蝶中的玉带凤蝶是人们比较熟悉的一种，它即是传说中的梁山伯与祝英台死后所变，雄性后翅的白带象征梁山伯所佩的玉带，雌性后翅的红斑象征着祝英台所穿的红裙。人们为纪念梁山伯与祝英台，每年的农历三月初一，浙江宁波都要举办梁山伯庙会。金斑喙凤蝶为昆虫中唯一一个国家一级保护动物，非常罕见，所以是珍贵的蝴蝶种类，价值极高。

别看这蝴蝶小，却飞得很快，但没有一定的方向，忽上忽下，忽前忽后，随心所欲。古代诗人杨万里曾有一首《道旁小憩观物化》曰："蝴蝶新生未解飞，须拳粉湿睡花枝。后来借得风光力，不记如痴似醉时。"把蝶飞解为风力。现代科学家进一步解开了蝴蝶善飞的奥秘。蝶飞不单凭借风力，而且是巧妙地制造"风力"，在它们飞行瞬间，蝶的前翅"收集"空气，后翅则形成一个喷气通道。当前翅收缩时，把空气压向后翅，形成一股强大的喷气流。蝶类这种巧妙的喷气动力，使仿生学家赞叹不已。蝴蝶的飞速可达每小时 50 千米，有的种类行程可达 5 000 千米。怪不得诗人苏轼称它为“鬼蝶”。

我国的蛾类中最大的是乌桕大蚕蛾，它展翅可达 22 厘米，而且色彩绚丽，被誉为“凤凰蛾”。它的触角如两把羽绒状的刷子，前翅的前缘有一条紫红色的镶边，前后翅面上布满红色鳞片，翅中央有一块透明的窗斑，十分美丽，而最小的微蛾体长仅 2 毫米，展翅也只有 4 毫米。

蛾都在夜间活动，一般色彩素雅。有一种长尾大蚕蛾，它展翅有 10 厘米，尤其是它后翅延伸成的飘带，竟长达 11 厘米。它的翅面粉绿色，杂有粉红、黄色鳞毛，显得秀丽多姿，飞舞时似“嫦娥奔月”。蝉寄蛾是习性最奇特的一种蛾，它的幼年“寄人篱下”，依靠蝉体内的营养物质过寄生性生活。蝉寄蛾幼虫在树枝上遇到蝉，就迅速偷爬到蝉身上，从嘴里吐出丝来，粘在宿主的体表，然后用又小又尖的头钻入蝉体节膜内吸取营养。在蝉体上过完幼年期，再脱出蝉体作茧化蛹，然后羽化变成虫。

（殷海生）

昆虫的伪装术

我们知道，昆虫的种类占地球上已知动物种类的70%，而且在数量上更是多得惊人，已经达到了一个天文数字。那么，为什么当我们在林中漫步，在草地上嬉戏时，看不到昆虫，找不到昆虫呢？原因很简单，因为昆虫在漫长的进化过程中，掌握了一种特殊的本领，那就是伪装术。本领高强、伪装巧妙的种类活了下来，那些隐身技术粗糙的昆虫，则成了其他动物的口中餐。

由此可见，伪装术对于昆虫来说，是何等的重要。许多昆虫经过巧妙伪装后，将自己与周围环境融合在一起，既能逃避对手的加害，同时又能突然出击，捕捉自己喜爱的猎物。

在伪装术中，昆虫运用最多的是模拟周围生活环境的颜色来隐藏自己，就是我们平常所说的保护色。有时它不但颜色与环境一样，而且身体上还有一些与环境相似的花纹或斑点。有一种昆虫叫螽斯，它身体的颜色与树叶的颜色非常相似，红色的螽斯生活在红色的树叶上，绿色的螽斯生活在绿色的树叶上。一旦右侧红色的螽斯生活在绿色的植物上，很快就会成为其他动物的盘中餐，而左侧绿色螽斯就很难被发现。另外一种螽斯，它的身体上带有苔藓花斑，与树干上的苔藓几乎融为一体，非常巧妙地保护了自己，又能在伏击猎物时隐蔽自己的身形。

除了模拟周围植物的颜色来隐藏自己外，还有一些昆虫在自然界中不但颜色与环境相似，而且它身体的某些部位也和植物的形状非常相似，这就是更高一级的隐身术：拟态。

竹节虫是最成功的拟态者，也是昆虫中身体最长的类群，最长的可达近 50 厘米。它静止趴在竹子上，身体颜色、形状就跟竹枝一模一样。假如不特别注意或仔细辨认，即使它就在你眼前，也不易发现。竹节虫的头不大，有一对丝状触角，身体和腿又细又长，前翅变成革质，称为覆翅，很短；后翅为膜质，折叠起来藏在覆翅下面，当飞翔时才展开。有的种类的翅已完全退化。有一次，一位昆虫学家见到竹节虫勇斗竹叶青蛇的场面，非常有趣，摘录如下："在竹园中，见到两种拟态动物打斗——竹节虫与毒蛇竹叶青正在摆开阵势。一条竹节虫犹如竹枝在移动。一条竹叶青见了竹节虫嫩绿的肉色，眼里闪烁着贪婪的绿光，不时地把细长而分叉的舌头伸

▲ 伪装成树枝的昆虫

出缩进，以探测竹节虫的位置。此时，竹节虫以不变应万变，毒蛇攀附在竹节上，静观其动态。突然，毒蛇扑上去咬断了竹节虫一条后足。说时迟那时快，竹节虫猛地翻到蛇头上，用一对长长丝状触角，对准蛇眼不停地扎刺。竹叶青痛得不停地摇头甩尾，最后终于筋疲力尽，直挺挺地从竹子上败下阵来。”

还有一种俗名叫枯叶蝗的昆虫，它的身体扁而宽，和栖息处的树叶一模一样，褐绿色的腹部和翅上还有像树叶般的脉络；连腿足也是扁叶状，带有缺刻，像被虫吃过的叶子一般。这种高度的拟态，起到了极好的保护作用，使它很难被敌害发现。

在昆虫中，有许多种不同拟态，以上两种拟态宛如新鲜的竹子和树叶。木叶蝶则拟态成枯叶，它停留在树枝上，灰褐色的身体紧贴树枝，双翅合拢竖起，橘黄色的翅面上有极似枝叶的浅色脉纹，就像一片枯叶粘在枝条上，完全可以乱真。

叶子虫是昆虫中最著名的拟态高手，它不但与周围叶片颜色一模一样，而且它的翅膀已经进化成为叶片状，在中央还有明显的条纹状叶脉。它腿脚的边缘也呈裂齿形，模拟那些不完整的叶片。这种昆虫非常罕见，科学价值非常高，属于国家保护动物。还有一种花螳螂，它主要生活在花朵上面，它的脚和腹部、胸部都膨大成花瓣状，颜色也和花瓣相似，带有一点粉红色。如果它一动不动，根本就不会发现它，还以为是一朵美丽的鲜花，一旦有蝴蝶来吸取花蜜，就会成为它的免费午餐，拟态同时也保护它不成为其他动物的口中餐。也有一些昆虫如蛾子，它模拟的是掉落在叶片上的鸟粪，这十分有趣，但效果却非常不错。另外，还有一些昆虫模拟的是凶猛动物的眼睛，如蛇的眼睛或猫头鹰的眼睛，当它遇到危险时，就会张开前翅，露出后翅，它的后翅图案就像是猫头鹰的两只眼睛，这足以吓退任何敢于侵犯它的鸟类。

如今，昆虫的伪装本领已经被运用到人类生活的各个方面，最明显的就是战士身上的迷彩服，坦克、大炮和飞机的伪装等等。昆虫虽然很小，但从它们的身上，人类能受到许多启发，能学到许多知识。

（殷海生）

昆虫和中药

中医认为，昆虫类中药多具有祛风通络、熄风止痉、补肾益精等功效，用于肝阳上亢、肾虚阳痿等的治疗。现代研究表明，药用昆虫具有增强免疫、抗菌、抗炎、抗过敏、抗病毒、抗惊厥、镇静、镇痛、抗癌等多种药理作用，在临床上用于多种疾病的治疗。如临床上常用蜂蜜、蜂乳治疗十二指肠溃疡及胃溃疡，收到了良好的效果；蜂毒具有较强的抗炎、抗过敏作用，用于类风湿性关节炎、支气管哮喘等疾病的治疗，有很好的疗效。

人类利用昆虫入药已有很久的历史。两千多年前的《神农本草经》中记载的药用昆虫有 21 种，《本草纲目》和《本草纲目拾遗》两书共记载了 88 种。目前入药的昆虫已有 300 种左右，最常见的有蚂蚁、蟑螂、蜣螂、斑蝥、僵蝉、冬虫夏草、僵蚕、九香虫等。

为什么昆虫有这样的药用价值呢？现代研究表明，药用昆虫含有丰富的蛋白质，低胆固醇，营养结构合理，肉质纤维少，又易于消化吸收，优于植物蛋白，受到营养学家的广泛关注。如：蚕蛹含蛋白质52％，蝉含蛋白质72％，蜜蜂的蛋白质含量则高达81％，可与鱼肉蛋白质相媲美。近年来由药用昆虫开发出的保健品显示了广阔的前景，如：以蚕蛾、蚕蛹为原料开发出了健身饮料、仙娥酒、仙宫营养酒等产品。油炸金蝉罐头、速冻蝗虫则远销日本。以雄蛾为原料开发出的延生护宝液具有补肾壮阳、恢复体能等功效。以蚂蚁为原料制得的玄驹酒、口服液、蚁五精、蚁精酒等，对提高机体免疫力、抗衰老等均有较好的效果。

▲ 蝉蜕

现在介绍几种比较常见的药用昆虫。

冬虫夏草，实为一些鳞翅目蝙蝠蛾科昆虫的幼虫（特别是蝙蝠蛾属）被一种真菌（冬虫夏草菌）感染后，成为一种由僵虫及真菌子实体所构成的复合体，它具有多种药理作用，如抗炎、止咳祛痰、提高机体免疫功能、抗肿瘤等作用。因此目前虫草的价格看好，每千克达人民币2万多元。但不合理的采挖，使我国西部雪山草原生态环境遭到严重破坏，同时虫草的资源几近枯绝。目前的野生虫草产量不及40年前的5%。

洋虫，又名九龙虫，是一种具有神秘色彩的药用昆虫。我国古籍中就有记载，传入日本后曾在日本广为流传。目前，北京的一些老年人也饲养、服用。书中记述可用花生、莲子、龙眼、红枣、杜仲、红花、槟榔、胡桃肉等饲育，通常食用成虫，用作补药。给洋虫不同的食物，其作用不一。曾有一位老人告诉笔者，用红枣、胡桃肉饲养，用黄酒送服，治好了他的尿频，说明洋虫对肾有好处。据说有人曾把心脏病给吃好了。由于这种昆虫能取食多种粮食、干果、药材等，有时是一种重要的仓库害虫，饲养时应注意不要随便丢弃或释放。

五倍子（又名文蛤、百虫仓），为植物漆树科盐肤木、青麸杨或红麸杨等的叶或叶柄上受五倍子蚜虫刺伤寄生的虫瘿（叶的畸形，当中有虫）。具有败毒抗癌、收敛止血、医疮消肿的功用，是一种名贵的中药。

九香虫，别名黑兜虫、打屁虫、屁巴虫、屁板虫、酒香虫，是昆虫纲半翅目的昆虫，捕捉到后，把它们置沸水中烫死，经干燥等一系列的处理后，中医上用于理气止痛，温中助阳，具有治疗胃寒胀痛、肝胃气痛、肾虚阳痿、腰膝酸痛的功效。

白僵蚕，是蚕的幼虫在吐丝前因感染白僵菌而发病致死的僵化虫体。白僵蚕和冬虫夏草的区别就在于白僵蚕是蚕受到了细菌的感染后僵死的，而冬虫夏草是鳞翅目幼虫受到真菌的感染后在体内和体外长出的菌丝。入药的白僵蚕经晒干生用或炒用，具息风止痉、祛风止痛、解毒散结的功效。白僵蚕可治中风失音，用于风热与肝热所致的头痛目赤、咽喉肿痛、风虫牙痛、痰咳、疔肿丹毒等症。

随着对昆虫类中药研究的不断深入，发现了药用昆虫的不少新作用、新用途。如蚂蚁用于乙型肝炎的治疗收到了较好的效果；家蚕抗菌肽具有抗癌活性，能明显抑制小鼠体内的肿瘤，亦可使艾氏腹水瘤腹水生成量减少；虫草对小鼠免疫性肝损伤有明显的保护作用；独角仙的幼虫含有的独角仙素具有一定的抗癌活性。尤其值得一提的是药用昆虫的活性成分如斑蝥素、活性多肽等多具有强烈的生物活性，在临床上用于一些疑难病（如：自身免疫性疾病、癌症、乙肝等）的治疗有很好的疗效。

昆虫的药用价值远不止这些，还需要进一步开发和利用，使它们为人类造福。

（居申寂）

苍蝇的功与过

提起苍蝇，人们都会对它表示厌恶，因为它会传播多种疾病。苍蝇的生活场所主要是厕所、猪圈、垃圾箱等肮脏的地方。研究表明一只苍蝇的身上能携带 1 000 万个病菌，种类有伤寒、霍乱、痢疾、肠炎、结核等 10 多个，对人类的危害非常大。

有一种红头苍蝇就更脏了，它喜欢吸吮动物的尸体和人畜的粪便，并把卵产在粪坑中。苍蝇幼虫叫蛆，专食粪便，生长迅速，变成成虫后全身会携带更多的病菌。红头蝇更有一种吃吃又吐吐的习性，那是因为它在吃食时，须吐出唾液溶解食物。还有一种麻皮苍蝇，嗅觉特别好，有鱼腥、臭肉它就来，吃得多，拉得也多。这种苍蝇的雌蝇把小蛆直接产到尸体中，成虫的速度更快。

还有一种吸血蝇，人被叮刺后，既痛又痒。常见的有厩蝇，比苍蝇稍大，俗称牛斑蝇，常常飞到牛、马背上吸血，也偷袭人体，刺入皮肤时很疼。它吸血的速度极快，吸了马上逃逸。这种厩蝇把卵产在厩渣马粪或湿地中，能传染热带锥虫和炭疽病菌。有一种常见的牛虻，为害牲畜，也可咬人，会传染炭疽病。非洲有一种采采蝇，被它叮咬后就会得一种瞌睡病，这是因为它传播一种睡眠锥虫。这种寄生虫随血液流到大脑，被害者就会昏迷不醒，状如睡眠。采采蝇和厩蝇形状相似，飞翔时发出“采采”之声，故得此名。睡眠锥虫的生活史在采采蝇的体内完成，所以消灭采采蝇能中断睡眠锥虫的生长，根治睡眠病。

有一些蝇的蝇蛆寄生在动物体内，如马胃蝇把卵产在骡马的毛上，幼虫的钩和螯刺痛骡、马的皮肤，骡、马用舌舔刮皮肤，从而带入口腔，使幼虫入胃寄生，再随粪便排出。牛皮蝇寄生在牛的皮肤下；眼潜蝇、羊鼻蝇蛆寄生在动物眼鼻中；有些像臭虫般的蝇，如马虱蝇、羊虱蝇、蜂虱蝇、蝙蝠虱蝇，都寄生在动物体表，吸血为生，危害动物健康。

但是把苍蝇化害为宝也不是不可能的。苍蝇很肮脏，它们生活在垃圾之中，出自粪便、尸体，简直就生活在细菌、各种有毒有害的环境中，但苍蝇本身却不会得病，这种奇特的现象引起了科学家的注意。20 世纪 80 年代，科

▼ 苍蝇

学家发现苍蝇体内有特殊的免疫能力，一旦有病菌侵入，并威胁到它的健康的时候，它的免疫系统就会立即释放出特殊的免疫蛋白来消灭病菌。这种免疫蛋白的杀菌力比我们人类目前使用的抗菌素的力量要强大得多。也许不久的将来，人类将从苍蝇身上开发出具有特强抗菌能力的抗生素来挽救许许多多患者的生命。

这种小昆虫对人类的另外一个贡献就是它能帮助人们清理无法愈合的伤口，而这种本领连现代高科技都暂时无法做到。其实早在美国内战时期，军医就发现苍蝇具有药用价值，当时他们发现许多伤兵的伤口感染病菌后化脓，一些伤口还生了蛆。可是令人不可思议的是，长了蛆的伤口很快就停止腐烂，并开始愈合，而没有长蛆的伤口却继续腐烂，无法愈合。于是一些军医就用苍蝇的蛆治疗伤口，而且取得了很好效果。直到20世纪90年代，科学家通过试验证明，把蛆放在伤口处2至3天之后，蛆不仅有助于伤口的愈合，而且还能够分泌一种既可杀菌又可刺激健康组织生长的物质。目前，蛆疗法已经在英国的50个医院中进行，治疗从烧伤到愈合外科手术后的伤口，而最普遍的是用来清理被感染的伤口和褥疮。美国食品和药物管理局2004年已批准可以将无菌的蛆作为一种医疗手段来清理患者的伤口。

同样，苍蝇的眼睛在仿生学中也占有独特的地位。将一只苍蝇放在高倍解剖镜下仔细观察，会发现苍蝇的1只复眼中有3 000多只小眼。如果把照相机的镜头换上剥离下来的蝇眼角膜的话，可照出上千个相同的像。人们根据蝇眼光学系统的这种结构和功能的特点，研制出一种具有特殊用途的新型光学元件，叫作“蝇眼透镜”，它是用很多块小光学透镜或自聚焦玻璃纤维透镜按蝇眼小眼的角膜晶体排列方式构成的。用蝇眼照相机对同一景物照相，一次能照出多个相同的像。用这种照相机进行印刷制版和复制微小的集成电路，工效和质量都可大大提高。

苍蝇被誉为“最完善的飞行者”。它们有一套正确、可靠、简便的导航装置：一对哑铃状的平衡棒。飞行时，平衡棒以每分钟 330 次左右的频率振动。如因风等影响，航向偏离时，平衡棒会产生相应的扭转振动，信号传到大脑，大脑就会通知有关一侧翅膀，改变振翅速度来纠正航向。在模仿苍蝇平衡棒作用的基础上，人们研制成功了一种新颖的陀螺导航仪，目前已广泛应用在高速飞行的飞机和火箭上。

苍蝇的嗅觉十分灵敏，能闻到 50 千米外的气味，它吸盘状的脚能倒立在天花板上，甚至光滑的玻璃上，所有这一切，在仿生学中都有着重要意义。在苍蝇家族中，有许多种苍蝇能捕食小害虫；有的能为农林作物传授花粉；某些果蝇是常用的实验动物，它们都有益于人类。对苍蝇最佳的开发方案是化害为宝。

（殷海生）

昆虫与植物

昆虫和植物都是地球上起源很早的生物类群。从化石的证据来推断，它们至少在3亿多年前已生活在一起，在不同的地域建立起关系密切的生物群落。它们中不同的种类为了自身的生存和发展，并根据营养、繁殖、扩散、保卫等的需要，在种与种间形成多种联系和相互作用，并随时间的推移，产生各种针对性的适应能力，在形式上多种多样，在程度上深浅不同。昆虫和植物虽然在各自机体的形态构造和生活方式上有很多不同之处，但它们产生变异和适应环境的能力都很强，它们常以对方作为进化中自然选择的条件，经历长期有步骤的调节和制约，形成协调适应或协调进化。

在已知物种中，绿色植物占22%，脊椎动物占4%，微生物占2%，植食性昆虫（就是主要以植物为食物的昆虫）占26%，非植食性昆虫占26%，其他无脊椎动物占15%，其他占5%。昆虫与植物是陆地生物群落中最为重要的组成部分，它们的相互作用是多方面的，并按各自的种系发育史和地理分布而有所不同。在昆虫对寄主植物的选择中，以植物的影响更为重要，所以称为顺序进化是适宜的。昆虫为被子植物传授花粉造成互惠共生，其中的进化关系应称为协同进化。

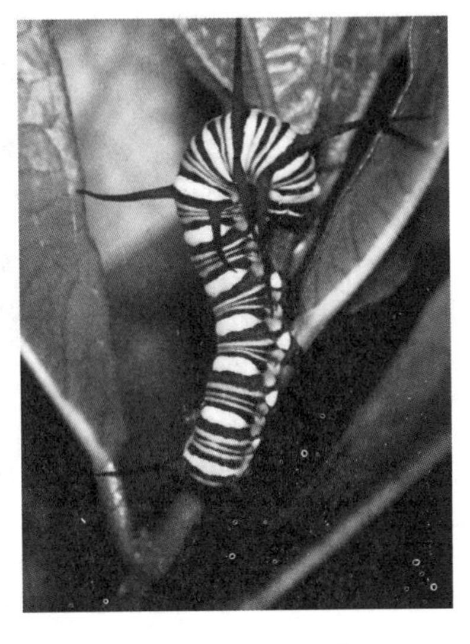

▲ 毛毛虫与植物

高等植物是当今植物界的霸主，全世界仅绿色开花植物就有近30万种。昆虫是动物界中种类和数量最多的类群，大多数昆虫以植物为食物。在长期的自然选择过程中，高等植物与昆虫之间建立了非常密切的关系。从进化的角度来看，昆虫与植物是相互影响的，植物影响昆虫的分布和分化，植物的分布与演化也受昆虫的制约。从生命活动过程来看，高等植物为昆虫提供了食物（有的昆虫只能以某一种植物的花蜜和花粉为食）和生长发育的场所，昆虫能为植物传粉（有的植物只能由某一种昆虫传粉）、散播种子，增加产生后代、扩展空间的机会，有时还能为植物提供保护作用。拉丁美洲的金合欢，其叶子基部生有蜜腺，分泌的蜜汁供蚁类取食，取食蜜液的蚁类因为腹部有带毒液的尾刺，故能有效地抵御和驱赶取食金合欢的其他食草动物；烟草对大多数昆虫具有毒害作用（可用来杀死多种对农业有害的昆虫），而烟草叶蛾却专以烟草

▲ 蝉和植物

叶子、花、果实、芽等幼嫩部分为食。食掌蛾的幼虫专食霸王树仙人掌的茎。当仙人掌的群体扩大时，食物就充足，食掌蛾的数量也会急增；当仙人掌的群体缩小时，食掌蛾的数量也随之减少，两者种群的数量总是维持在一定水平上。高等植物与昆虫之间的这种高度适应性和特化现象，是长期自然选择和协同进化的结果。

高等植物在受到昆虫进攻时，不能像动物一样自卫，但植物也不是完全处于被动地位，许多植物已产生了能有效自卫的化学物质，会降低植物体的营养价值，使本身的可食性恶化；还可影响昆虫的生长发育，能减少昆虫对植物的危害，使自己得以生存发展。同时昆虫也发展了对付化学战争的手段，产生了高度的适应性，同样能用巧妙的化学机制变害为利，来保护自己，使种族得以延续。

高等植物的化学防卫是最普遍、最重要、最巧妙的防止昆虫取食的手段。科学家们研究表明，所有食植性昆虫对营养的要求基本相同，大多数植物都能够满足昆虫对营养的要求。昆虫取食哪一种植物或植物能否被昆虫取食，不在于植物营养价值本身，也不取决于植物体内的初级代谢产物，而是由体内产生的次级代谢产物决定。不同高等植物产生不同的次级代谢产物，一般包括引诱剂、驱避剂，有直接杀伤作用的毒素和影响昆虫生长发育的变态反应物等。这些不同性质的化合物与植物体本身的生命活动没有多大的关系，但它决定了植物的一些化学特性和可食性，对昆虫的取食起到化学防卫作用。

一般说来，植物的花、果实和种子中所含的营养物质最丰富，是昆虫的重点取食对象，它们所含的化学防卫物质也最多，这能有效地保护植物的生殖器官少受或不受昆虫的危害，增加产生后代的机会，如大麻的花及种子中所含兴奋剂的量比叶子多得多。植物通常用有毒物质、挥发性物质、消化抑制物、变态反应物、警告信息素等巧妙的方法来进行化学防卫。

（居申寂）

蚂蚁世界

科学家推测，全世界蚂蚁的种数应该在 15 000 种左右，还有近 4 000 种未被发现。此外，蚂蚁无处不在，除了永远冰封的南极和北极、极寒的山顶以及少数几个岛屿之外，世界各大陆上都有蚂蚁的踪迹。

大多数种类的蚂蚁将蚁穴筑在地下。据不完全统计，全世界至少有 5 000 种蚂蚁在地下筑巢，而且每一种蚂蚁有自己特有的蚁巢（也称蚁穴）形状，以及生活方式。一般来说，蚂蚁的地下“宫殿”是由水平方向的蚁室和垂直方向的地道组成的，不过蚁室和地道的形状千变万化，因种而异。世界上最大的蚂蚁地下“宫殿”的面积可达 6 平方米以上，深度为 10.7 米，简直像人住的一个小房间。

蚂蚁的地下“宫殿”十分宽敞，既有贮粮室、保育室，又有蚁后卧室、幼虫吐丝结茧室和收存死虫的仓库（有些蚂蚁将尸体搬出室外），还有雄蚁的宿舍、工蚁的蚁营以及许多蜿蜒曲折的通道。当然，蚂蚁的地下“宫殿”在兴建之初，只是个毫不起眼的小洞，不过这个小洞会随着整个蚁群的发展，逐渐被建设成为一个蔚为壮观的“宫殿”。

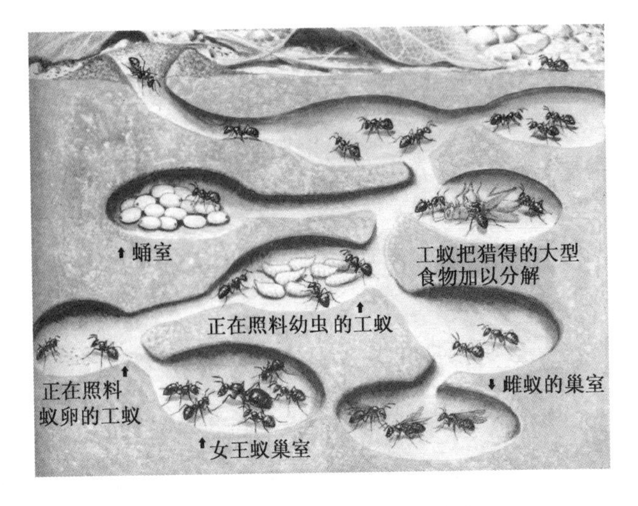

▲ 蚂蚁

例如生活在美国东南部沿海平原的佛州收获蚁，平均巢穴深度可达 2.1 米，平均穴室数有 100 个，蚁群平均个体数为 5 000 只。佛州收获蚁最大的巢穴深度足有 3 米，包括 200 个穴室。典型的蚁群能生存 15 年，直到蚁后死去。在不到一周的时间里，它们可以搬运好多千克的建筑材料——沙子，筑成的巢穴十分精美。然后，它们收存约 30 万粒种子，并把其弄碎喂养幼虫。

蚂蚁虽小，种类之间在组织成员、机构、习性等方面也有很大的差别，但是其社会性组织的基本特征是一致的。每个蚁群都由繁殖蚁、工蚁、兵蚁 3 类组成。繁殖蚁有翅膀，包括有生殖能力的雌蚁——蚁后和生命短暂的雄蚁。蚁后与蜂王不同，在一个蚁群中可以有 5～10 只，甚至多达 60 只左右，它们的主要任务是产卵繁殖后代。雄蚁与雌蚁交配后不久就死去。工蚁和兵蚁没有翅膀，也没有生殖能力，它们都能担当取食、建造巢穴和抚育幼虫等职责，所不同的是兵蚁体格健壮，有锐利的颚作为武器，擅长于警卫和战争任务，因而有人将兵蚁归入工蚁之中，或认为兵蚁是从工蚁中分出来的。工蚁是蚁群中的主体，数量最多，绝大部分的劳动都由它们负担。

在蚂蚁世界里，有的种类十分凶残。美国的夹颚蚁面部与众不同，有夹子状的巨大上颚，看上去有点像双髻鲨。这种夹子状的颚十分坚强，咬植物、种子或动物肉时，犹如咬豆腐。许多其他种类的蚂蚁见了夹颚蚁都怕得要命，拔腿就跑，否则就会成为它们的腹中之食。在火蚁的蚁群中，大多数成员都是领地的保卫者。它们坚守在 90 平方米以上的领地上，一旦遇上包括兽类在内的来犯者，它们就会群起而攻之，“你一口我一口”，将对方吃得精光，只留下尸骨。生活在热带森林中的食肉行军蚁，可算是蚂蚁世界的一霸了。它们每天出动的大军，可以多达 1 万甚至上百万只，浩浩荡荡，所向披靡，经过之地，从昆虫、蜘蛛等小动物到大动物，几乎都无一幸免。这种蚂蚁有巨大的颚，吃小动物自然不在话下，就是昏睡不醒的大蟒蛇或被拴着的羊，在几个小时之内，也会被它们咬得一干二净，只剩下一堆骨架。分布在非洲、美洲和印度的流浪蚁，其凶残程度不亚于行军蚁。它们常排成整齐的队列，有的成 6 路纵队，有的成 10 路纵队，颇有横扫一切之势，所到之处，动物和人都会遭到残酷的袭击。例如 20 多年前，在非洲的原野上，一头金钱豹被流浪蚁吃得尸体无存。

蚂蚁常因争夺食物、巢穴、生存空间或为捕捉奴隶蚁而大战一场。有些种类的蚂蚁在大敌当前时，显得异常勇猛；而另一些种类的蚂蚁在危险来临时，却往往将自己的身体缩成一个小球，一动不动，使敌蚁无法从泥土和沙粒中发现它们。蚂蚁打仗时常常大部队出动，它们利用气味将同伴吸引到战场。它们的打仗方式，主要是用颚互相撕咬，将对方肢解。有的蚁种将敌蚁咬伤后再将毒液喷到对方伤口上，促使其早死。有的蚁种，如热带地区的战蚁，在开战时除了用颚的尖刺以外，还有一种“杀手锏”——喷射出一种毒物，使对手瘫痪，甚至死亡。

令人惊奇的是，蚂蚁战争结束之后，有些种类的蚂蚁会对“阵亡将士”举行悼念和落葬活动。例如非洲北部的一种沙蚂蚁，同伴在战争中阵亡以后，它们会组成长长的送葬队伍，抬起“阵亡将士”的遗体，送往墓穴，尔后在尸体上盖一些沙土。有的沙蚂蚁竟会搬来带根的小草，种植在墓穴周围，作为永久的纪念。

（华惠伦）

十七年蝉

蝉俗称“知了”，是大家十分熟悉的一类昆虫。全世界已知的蝉有 3 000 多种，真是个大家族。一般的蝉只有几年的生活史，而美国的一种蝉，它在地下生活可长达 17 年，是最长寿的蝉，因而得名“十七年蝉”。

1996 年的夏天，从美国的卡罗来纳州到纽约，每天晚上都有无数暗色小虫子从地下钻出来，爬到所有竖立着的目标，如树干、电线杆和建筑物上，蜕去最后一次皮后，它们借助于阳光的照耀，全身几乎变成了黑色，并开始飞翔。这就是十七年蝉。

十七年蝉的虫口数量十分庞大，地上常常出现密密麻麻的蝉穴洞，每平方米可藏有 37 只蝉，空的蝉壳到处可见。这也许是因为它们在地下度过的 17 年漫长岁月中，极少有敌害侵犯；它们在地面上生活的时间又很短暂，因此，自然界给它们提供了较大可能的保护。

十七年蝉的外貌与我们常见的蝉极为相似，不过个头稍大，体长约 3 厘米，它的头部有一对大的复眼，中间有 3 个点状单眼，排列成三角形。触角呈刚毛状，是一种感觉器官。它的刺吸式口器实际是唇伸长而形成的，上唇成为下唇的“盖子”，仿佛是剑鞘的构造。在“鞘”内，上颚和下颚形成一根刺状物，而下颚是刺吸植物汁液的吸管，能够从“鞘”中向外伸缩自如。十七年蝉有两对膜质透明的翅膀，前翅比后翅大，受惊扰时会作短距离飞行，不过飞行本领不高。

雄蝉的腹部前端，近后足下方有一对发声器，外面是一对半圆形盖板，盖板内有层富有弹性的极薄鼓膜，鼓膜上连接着两根鸣肌（也叫声肌）。发声时，鸣肌伸缩，通过鼓膜震动来发出声音；声音在盖板下的空间产生共鸣作用，所以十七年蝉的鸣声格外嘹亮。

雄性十七年蝉出土后不久，就成了不知疲倦的“歌手”，从早上 4 ～ 5 点钟开始，一直到夜晚 7 ～ 8 点钟，在它们的生活区人们处处能听到雄蝉的嘹亮情歌。十七年蝉从地下钻出来以后，最多不过 3 ～ 4 个星期便死去。在这短暂的时间里，它们不停地歌唱，为自己寻觅“情侣”。

雌蝉没有发声器，是个“哑巴”。过去，人们还一直以为它们是“聋子”。其实，蝉不但有听觉器官，而且对声音的

▼ 十七年蝉

分辨能力极强。初听起来，各种蝉的鸣声相似，其实不同的蝉，其鸣叫的声波是互不相同的。它们之间虽然近在咫尺，却听而不闻，因此信息无法沟通。美国昆虫学家对雌性十七年蝉的听觉作过研究，发现这个种的雌蝉能听到同种雄蝉发出的歌声，而听不见异种雄蝉的情歌。即使是同一种的雄蝉，如果它们的发声器受到损伤，发出的声音走了调，那么雌蝉也会充耳不闻。此外的声音，如人的说话声、拍手声，甚至枪声，十七年蝉都是听不见的。

十七年蝉与其他蝉一样，也是不完全变态的昆虫。雌雄蝉交配后，雌蝉将尾部发达的、有锯齿的产卵器刺入树枝嫩皮，随即将卵产在里面，一边爬，一边刺，一边产卵，一次产卵约 10 粒，共产卵约 25 次，合计可产卵 250 粒。雌蝉产卵后，便筋疲力尽，为子孙后代献出了宝贵的生命。

留下的受精卵，在太阳光下发育孵化。刚出世的幼虫只有 1 毫米长，遗留下来的外皮形成一条细丝，常将幼虫倒挂在半空中，不久它便落到地上。幼虫在树枝上晒太阳时，也会因蠕动而掉到地面。

幼虫落到地面上后，不久便钻入树根周围的泥土中，深度可达 1 米左右。在整个冬天，幼虫不吃不喝，处于休眠状态。到了来年春暖花开时，它们才开始从植物支根韧皮部吮吸富有营养的汁液来维持生命。它们还能通过地下坑道，从一棵树的根旁潜行到另一棵树的根旁。地下环境尽管暗无天日，但是它们却能在那里吃得饱饱的，而且十分安全。可是十七年蝉在地面上的短暂时间内，却十分危险。它们的卵常受到野蜂的袭击，苍蝇也产卵在它上面，蛆虫能把蝉卵吃光；到了幼虫时期，蚂蚁是它们的大敌；钻出地面以后，小鸟、青蛙、蜘蛛、螳螂等都是它的强敌。能够闯过千难万险，爬到树上蜕皮，最后得以“引吭高歌”的，仅仅是它们中的一小部分。十七年蝉虽然产卵数很多，但夭折死亡率也很高。产卵多，正是它的一种保护性适应，否则就难以传宗接代了。

十七年蝉幼虫在地下最长要待上近 17 年的漫长时间，经过 5 次蜕皮，才钻出地面。1996 年出世并入土的十七年蝉幼虫，要到 2013 年才出土到地面上来举行“婚礼”，真不容易啊！

（华惠伦）

跳蚤、臭虫、虱

跳蚤属蚤目，臭虫属半翅目，虱属虱目。这 3 种寄生吸血昆虫的翅都已退化，成了寄生在人体的外寄生虫。

跳蚤身小而体高，后足长而强大，特别善于跳跃，最高可跳 30 多厘米，是它后足长度的 120 倍，就它的身高比例而言，可算是动物界中的“跳高冠军”了。人们用高速摄影技术发现，蚤的第三对足具有一块高度压缩、富有弹性的蛋白质，它能产生和贮存能量，释放时，使蚤以高达 1 350 米／秒的加速度射入空中。跳蚤主要寄生在狗、猫、鼠的身上，也躲藏在室内外的床褥、杂物中。到了午夜，在人熟睡之际，它便倾巢而出，刺吸人血，吸饱后又钻进原宿地，或盘桓于被缝、床缝、衣缝间。雌蚤要产卵时，就去寻找有机物多的垃圾箱或在鼠窝、鼠粪集中处。一只雌蚤可产 500 多粒卵，但每次只产 10 ～ 30 粒卵。经过不到一个月的时间，卵就完成了幼虫、蛹直至蜕变成小蚤的过程。如遇人、狗、猫、鼠经过，它们就立刻跳到动物身上，开始吸血生涯。如遇不到宿主，它们能长期忍饥挨饿地久不进食。

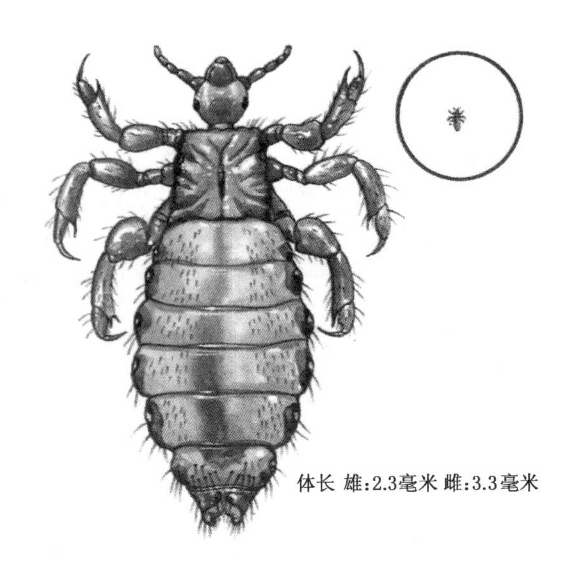

▲ 虱

跳蚤除了吸血外，对人最大的危害是传播鼠疫。鼠身上会寄生一种鼠疫杆菌，这种菌在鼠的血液中大量繁殖，几天内就能使鼠败血而死，如吸了这种血的跳蚤再去咬人，人就会染上鼠疫，皮肤紫黑，会很快死去，而且这种病传染流行迅速，患者死亡率很高。故消灭鼠类和跳蚤非常重要。

在夜深人静时，臭虫偷偷地从床缝、席隙中爬出来，张开尖而锐利的嘴，猛刺人的皮肤吸血。不到 2 分钟，它的腹部便鼓胀成球状，一次吸血可达 0.018 克左右。春夏季节，吸血长足的臭虫交配后，雌虫连续产卵，一生之中能产 250 粒卵。卵经 5 ～ 6 天后，就变成极小的幼虫。在血源充足的情况下，幼虫 4 ～ 6 天蜕一次皮，经 20 天左右变成成虫，又能繁殖。所以，臭虫繁殖得极快，一年之中可繁殖 4 代。冬天，臭虫潜伏不动，状如冬眠。假如室内温度适宜，如北方冬天室内生炉子，它就没有冬眠现象。在温热带地区，它能一年四季活动和繁殖。

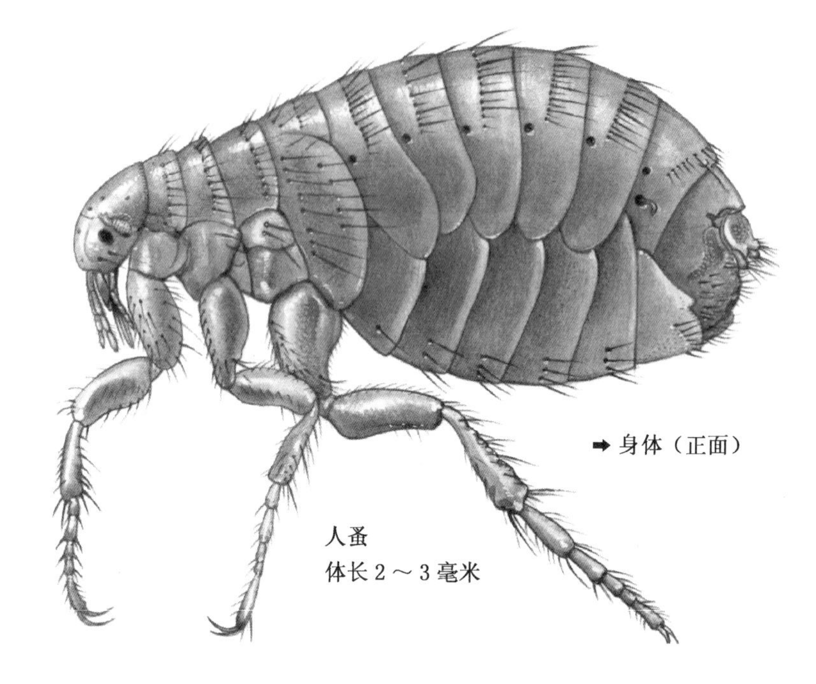

人蚤
体长 2 ～ 3 毫米

由于臭虫寄宿处单一，故传播疾病不多。但实验证明，它也能因刺吸而传播疾病。

虱子、跳蚤和臭虫，都是人类体外的寄生虫，其中，虱子是固定寄生在人体的。寄生人体的虱子有 3 种：头虱、体虱、阴虱。这 3 种虱很相像，但习性不同：头虱决不寄生在身体上或阴毛上，体虱也决不寄生到头发或阴毛上，同样阴虱也决不寄生到头上或身体上。

头虱完全依附在人的头发上生活和生殖。它的卵呈长圆形，胶粘在头发上，幼体孵出就和成虫相似，用爪钩住头发，以头皮屑等为食。体虱藏身于衣裙、被缝中，不时爬出吸食人血。卵产在布的纤维上，卵孵出经过

10～15天，3次蜕皮后，变成成虫。成虫和幼虫一模一样，只是大了一些，有了繁殖能力而已。阴虱寄生在阴毛丛中。随着生活水平的提高和卫生状况的改善，头虱和体虱现在已相当少见。但是，阴虱在有不良性行为的人群中的扩散传播却有所抬头。阴虱仅寄生在人体最隐蔽部位，只有和患者作性接触时，阴虱才有可能在性摩擦时转移到对方。所以，阴虱传染均表现在夫妻或性伴侣之间。据估计，美国每年约有150万人患阴虱病，约占性病门诊的5%。此疾在我国20世纪80年代又死灰复燃，并有日益增多的趋势。

（沈　钧）

点水蜻蜓

蜻蜓属蜻蜓目，可以分为蜻蜓和豆娘两大类，总共有 5 000 余种，广泛分布于全球温暖地区。我国约有 500 多种。它是现存最古老的动物之一，在距今 35 000 万年前的石炭纪就已出现。考古发现，在侏罗纪时的蜻蜓化石展翅有 75 厘米，大如飞鸟。现代的蜻蜓展翅只有 10 厘米左右，但古蜻蜓的嫡系还有一属两种，一种生活在南喜马拉雅山区，另一种生活在日本，数量稀少。所以蜻蜓有“活化石”之称。

人们很喜爱蜻蜓这种昆虫，我国唐朝有人用金线笼把捕获的蜻蜓加以饲养观赏，诗人曾留下许多描绘蜻蜓的诗句：“碧玉眼睛云母翅，轻于粉蝶瘦于蜂”，“湖光迷翡翠，草色醉蜻蜓”等等。人们还观察到“点水蜻蜓款款飞”的现象，进而创造了“蜻蜓点水”的成语，用以形容作风浮夸、遇事浅尝辄止的人。

对于蜻蜓来说，它的点水其实是在产卵。雌蜻蜓对产卵的水域环境是很挑剔的，如水深、流速、酸碱度等。在水域附近，雌雄蜻蜓自然地集中，选择配偶。强健的雄蜻蜓往往会赶走其他雄性，形成一个势力范围，并轮番和几只雌蜻蜓交配。其他雄蜻蜓有的自己去寻找新的势力范围，有的则在附近等待，观察有没有未达成交配的雌蜻蜓，寻找交配的机会。蜻蜓的交配姿态很奇特，当两性相遇后，雄虫抱住雌虫的头或胸，雌虫的尾端向前弯去，插入雄虫腹部的第二节、第三节中，内有成熟的精子。所以它们环抱而成，且能抱着飞行或停在枝叶上，用“双宿双飞”来形容它们最恰当不过了。蜻蜓点水把卵产在水中，但有的也把卵产在草丛中，等幼虫孵出再落入水中，蜻蜓幼虫叫水虿。水虿长有一双大眼睛，有铲状的下唇，这下唇如一个假面具，套在头前，又称脸盖，脸盖能折叠，藏在胸前。当水虿接近猎物时，就迅速射出脸盖，用前端两只钩子夹住猎物，拉回口中。在它的食谱中有蝌蚪、小鱼，主要是蚊子的幼虫孑孓。水虿在水中生活，少则一年，多则2～5年，要蜕皮11～15次。到了最后一龄，用数年蓄备的精力把自己推向水边的草茎上，它用头一顶，背脊顶出一条裂缝，头就钻透外衣，最后再把长长的尾巴拉出空壳，张开4翅，等翅膀完全干硬后，便振翅凌空飞舞起来。

蜻蜓是个杰出的飞行家。在昆虫中，蜻蜓飞翔时扇动次数少而速度最快。如蜂的翅膀每秒扇动250次，飞

▲ 蜻蜓

速是 4.5 米；苍蝇每秒扇动 100 次，飞速是 4 米；蜻蜓每秒仅扇动 38 次，飞速却是 9 米。当它捕捉小虫时，飞速还要快，可达每小时 100 ～ 150 千米的速度。它能连续飞行几个小时，有的种类甚至可以连续飞行几周，飞过高山大川，飞越大海，完成 1 000 多千米的洲际旅行。

蜻蜓为人类仿生学做出了重大贡献，在飞机制造的论著中，都谈到了蜻蜓。因为飞机在高速飞行时，会出现颤振，很长时期没有解决消除颤振的问题，后来，飞机设计师从蜻蜓身上得到启发，他们发现蜻蜓翅膀前缘上方，有一块加厚的角质部分，称之为“翼眼”，是翼眼使飞行中的蜻蜓不会颤振。飞机设计师仿照蜻蜓翼眼的原理，克服了飞机颤振的危险。

蜻蜓的那双大眼睛很是引人注目，它是昆虫中屈指可数的千里眼，前后左右一动，全盘在望。它的复眼由多达 1 ～ 3 万只小眼组成。每个小眼都和视神经相连，视像清晰。不管飞速多快，即使是瞬息即逝的小虫，也逃不过它的眼睛。蜻蜓还是一个食量极大的饕餮者，咀嚼式口器很锋利，脚爪又极强健，并且善于在飞行中捕食苍蝇、蚊子、牛蚊、蝶类等活食，很快吃得一干二净。有人在一只蜻蜓嘴中发现 100 多只蚊子被压挤成一个黑团，它一天可以吃掉 1 000 只左右小虫，是捕虫能手。农村有人把它放养在蚊帐内吃蚊子。蜻蜓的 6 条腿有很大的抓力，能抓起相当于自身重量30倍的重物。

（沈 钧）

知识链接

蜻蜓种群

蜻蜓可分为蜻蜓类的差翅亚目和豆娘类的束翅亚目（均翅亚目），另有将日本大绿和在印度发现的一种蜻蜓等仅二种划为间翅亚目。翅发达，前后翅等长而狭；头部可灵活转动，触角短，复眼发达，有3个单眼，咀嚼式口器强大有力。雄虫交配器位于腹部二、三节腹板上。不完全变态，幼虫“水虿”生活在水中，用极发达的脸盖捕食。无论成虫还是幼虫均为肉食性，多食害虫。约有5 000余种，在我国约300种，最常见的蜻蜓有3种：碧伟蜓、黄蜓和豆娘，这3种蜻蜓基本上代表了蜻蜓目的各个科，即代表了大型、中型和小型蜻蜓。

骇人的蝗虫

蝗虫属直翅目，蝗虫科，是飞行能力最强的昆虫。据报道，一次，在摩洛哥发现的蝗群竟是从3 000多千米外的赤道非洲飞来的，所以人称“飞蝗”。飞蝗的另一个特性是成群活动，它们不管在天空飞翔，还是在地面觅食、休息，总是保持着合群性。蝗灾在过去与水灾、旱灾并列为三灾之一。蝗灾的危害面积大，损毁粮食作物，造成饥馑，较之旱涝更为严重。蝗虫有一对大颚，锋利无比，如凿如锯，啃起草叶来“沙沙”有声，片刻之间，可把千顷水稻、玉米、芦苇等吃得精光。它的食量极大，在第一龄时，可食其体重10倍的食物，4龄时可食其体重20倍的食物，一天约250克。饥饿时更是饥不择食，吃一切可吃的，包括同伴的尸体，十分骇人。当一片区域的粮草吃完后，首先会有少数蝗虫先飞上空中盘旋，这是结队飞行前的信息。这种动态刺激，很快促使地面的蝗虫群奋起响应，这时会形成十分惊人的蝗群。1889 年，红海出现过一次群蝗，总面积有 3 000 平方千米，好似满天乌云，估计蝗虫有 4 285 亿吨重。

▲ 蝗颚

飞蝗的前翅硬而直，后翅透明膜质，张开如阔扇，可持续飞翔 1 ～ 3 天，每小时飞行 10 千米左右。当需补充营养，或者遇降雨，可使蝗群停止飞行，大风可转换其飞行方向，而遇微风则逆风而飞。飞蝗长距离飞行除了觅食原因外，主要是为了寻找繁殖地。为了适应飞行的大量耗氧，蝗虫胸部有两对气门，腹部有 8 对气门进行呼吸，胸腹前 4 对气门用于吸气，后 6 对呼气。

飞蝗一年可繁殖两代，称为夏蝗和秋蝗。每一代分为卵、蝻、成虫 3 个时期。夏蝗在 5 ～ 6 月间经过交配，雌蝗就开始产卵，卵产在沙土中 4 ～ 5 厘米处。蝗虫的卵长圆形，黄色，藏在一个胶囊之中，每个椭圆形的囊中约有 70 个卵。卵在 7 月上旬孵出就是秋蝗。初孵出的幼虫，头大、体小，只有翅芽，没有生殖器，叫若虫，蝗虫的若虫特称为蝻。蝻要蜕皮 4 次，经过 5 龄变为成

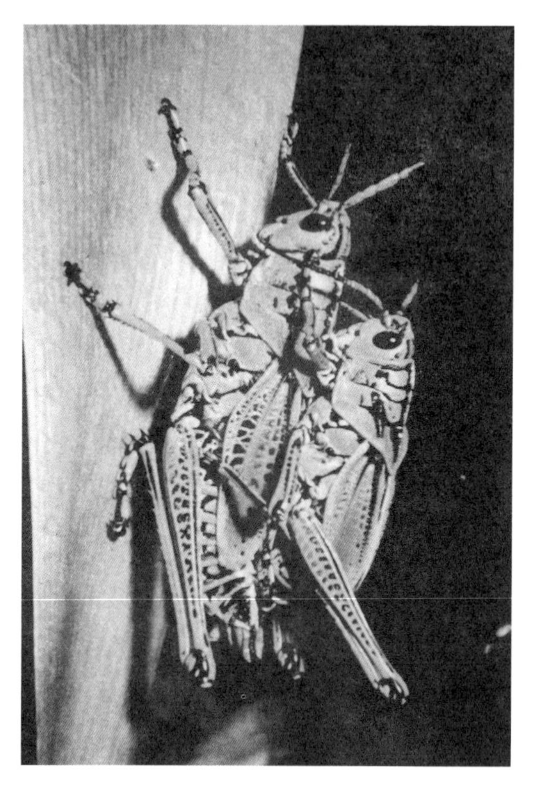
▲ 夏蝗

虫。蛹到5龄时，每分钟能跳8米远，而且善于游泳，可持续13～28个小时的游泳。成虫游泳时，气门时时出水呼吸，身体作蛙式游泳。有人看到飞蝗在长江北面落入水中，竟能一直游到江南，蝗虫的生命力之强盛可见一斑。秋蝗交配后产的卵，就藏在土中，到翌年5月孵出就是夏蝗。

我国的蝗虫约有300多种，危害农、林、牧的约有60余种。蝗虫爱光，有趋光习性，它们的活动路线与日光有直接关系，晴朗干旱的天气，蝗虫就会大肆活动。

由于现代科学的发展，特别是用飞机喷洒农药等方法已经有效地控制了蝗灾。而且蝗虫也被开发作昆虫食品，曝晒或烘干可以代虾米，油炸、磨粉都能吃。还有人把蝗虫饲养作宠物玩赏，常见有中华稻蝗、短额负蝗、黄胫小车蝗等。饲养在铁纱笼或生境箱内，喂以鲜草、麦叶、稻叶，作赛跳、赛飞及赛泳等玩赏。

除飞蝗外，其他常见危害经济作物的昆虫还有：

稻蝗，又名油蚂蚱，全身青绿色，由复眼直到前胸有一条褐色纵纹。每年发生一代，以卵越冬，在5月上旬开始孵化，7月羽化为成虫，成虫和若虫都爱吃稻叶、稻穗。

蔗蝗，又名斑角蝗，成虫黄绿色，触角节间白色。爱吃甘蔗和稻叶。

竹蝗，成虫身体暗绿，由头向后中央有一条黄色线。竹蝗也有成群习性，以竹叶为食。

棉蝗，又名绿蚱蜢，全身青绿色，是蝗虫中最大的一种。喜吃棉花嫩叶和花被。

（沈 钧）

美丽的海星

当你漫步在海滩或礁石旁边时，有没有留意到脚边一种美丽的动物？它有五条可以活动的腕，颜色各异，约有手掌大小，很像五角星，所以人们把它称作海星。海星是棘皮动物家族中最重要的成员之一，它和蛇尾、海胆、海参、海百合是兄弟姐妹，同属于棘皮动物这一大家族。它多生活在潮间带的礁岩间或近海海底，但人们发现在 6 000 米的深海处，居然也有海星家族的身影。海星分布于全世界各海域，其中以太平洋海区种类最多。全世界约有 1 600 种海星，中国有 100 多种。世界上最小的海星是海燕海星，是伍佛盖于佩尼苏拉西海岸发现的，这种海星最大的半径仅 0.45 厘米，直径 0.89 厘米。

海星体形扁平，头部匍匐于下，尾部朝上。身体由 5 个对称的腕及交汇联结而成，有一个不明显的体盘。大

多数的海星都是5只腕足，但是某些种类则有数十只，多时可达50条，但腕数皆为5或5的倍数，如太阳海星有十几条腕足。海星身体背面微隆，中间呈浅黄色或橙红色，有时具有紫色或深褐色的斑纹。肛门也长在背面，它已没有排遗作用了，在肛门的侧面还有一个特殊的器官叫筛板，筛板上有很多细孔，管足内水流就从此出入，这个器官是其他动物所没有的。相反的，它的口位于腹面，表皮下的色素细胞使其颜色更加艳丽。每条腕下有两列管足，这是海星的运动及摄食器官，也有呼吸和排泄的功能。每个管足通过体内的一个袋状壶腹，起容纳海水缓冲作用，所有管足通过环水管连接。棘皮动物由于功能上的需要，它的水管系统与外界海水之间必须流通，使这个系统中流体静力压相等。大多数种类的海星管足末端有发达的吸盘，因此，它能牢固地吸附在玻璃或别的物品上。在水族馆我们透过透明的大玻璃，可以清楚地看到吸附在玻璃上的海星的各条管足，仿佛在拥抱欣赏它美丽身影的游人一样。海星的“皮肤”不像其他海洋动物一样有着丝绸般的感受，光洁如镜，它的整个身体由许多钙质骨板借结缔组织结合而成，体表有突出的棘、瘤或疣等附属物，如石灰质的小棘和钳状的叉棘，在棘之间还有许多薄膜状的小突起，称皮鳃。虽然这些结构有损海星美丽的外表，但有清理废物、进

行呼吸的作用。这是棘皮动物的重要特征，“棘皮”二字因此而来。

海星是一种杂食性动物，有的以岩石上的有机物及低等藻类为食物，有的以海绵为食物，有的种类为肉食性，捕食蛤类。

海星捕食蛤类的方式十分有趣，吃贝类时，身体呈弓形隆起，以管足紧紧抱住它的美餐，用“脚”上的密密麻麻的吸盘（管足）吸在贝壳上，向左右慢慢拉开两面外壳，将翻出来的胃，塞到贝壳内包裹住贝壳的肉体，先进行局部消化，然后将之吞入胃内，再将胃缩回体内，在幽门胃中进行细胞内消化，分泌消化液将肉消化掉，不能消化的残渣仍由口排出。

海星有极强的再生能力。当它的腕和体盘受损或自切后，均能再生出一个完整的海星，甚至单独的一条腕就可以再生出一个完整的新海星。人类社会中，断肢再植是一项艰难巨大的医疗工程，但对于一只小海星来说，却如游戏一般轻松。海星是怎样修复破损的身体的呢？这一直是人们很感兴趣的问题。某些研究认为，海星的神经元激发某种用于再生功能的酶，当腕脱离时，腕内部所存储的有机物与海水中的无机物在酶的作用下迅速化合成为构建身体的物质，由此慢慢长出一个比原来体形小的新个体。人们称海星这种本领为“分身术”。

海星没有眼睛，感觉器官也不发达，但它又怎能神速地捕捉食物，逃避敌害呢？长久以来，人们认为海星是靠触觉来识别方向的，其实不是。美、以两国的科学家发现，海星的棘皮皮肤上长有许多微小的晶体，每个晶体都是一个完美的透镜。它的尺寸远小于现代人利用现有高科技制造出来的透镜。正是这些透镜具有透光的性质，能够同时观察来自各种方向的环境信息，及时掌握身边的动态，这些晶体可以说是一个个微小的眼睛。海星身上这种不同寻常的视觉系统的被发现，对人类光学技术的发展具有重大的启示意义。

海星对于人类的好处远不止此。人们将海星带回家做成标本，置于橱窗，给人们带来了视觉美的享受；我国黄海地区的渔民把海星带回家，用作肥料，肥效很高；水族馆的饲养员利用其杂食性将其放养在饲养池，海星能吞噬海水中一些小动物的尸体，既清除了污物，又美化了水生环境；海星还可以成为人们餐桌上的美味佳肴，黄黄的成熟的海星卵蒸熟上席，别有风味。此外，海星还有补肾壮阳、抗衰老、抗脂质硬化等药物功能。随着科学技术的发展，人们已不满足于海星的天然功效，对于海星体内化学成分及功能的研究表明海星含有皂苷、甾醇、生物碱和脂类等物质，海星的提取物及其提纯的化合物多具有抗菌、抗病毒、溶血、降压、抗炎等功能。辽宁省已经用海星制造胃药治疗胃酸过多。

棘皮动物中最好玩的是海胆。海胆的身体呈圆球状，有坚硬的外骨骼，全身长满尖而长的刺，活像“毛栗子”。每根刺的基部，有活动的关节，根根长刺都能活动，是用于行走的工具。它走起路来，像一只刺猬，所以它还有一个俗名叫“海刺猬”。

海胆是海獭的美食，海獭把捕到的海胆放在腹部，垫着卵石，用卵石击碎了吃。海胆也是人类的一种美食。海胆的卵巢，是一种别有风味的佳肴，鲜食或制酱，都很鲜美。日本还有专门制海胆酱的行业。在中药中，海胆的卵巢叫云丹，有滋补的功能。

棘皮动物中最负盛名的是海参，它们生活在海藻茂盛的海底岩石缝和浅海底的泥沙中。我国食用的一种刺参，在北方海中最常见，现人工饲养很多，是补肾、补血的滋补品。

很多动物常在危急的当儿，用一套苦肉计，把自己身体的一部分截断而逃走，如蜥蜴的断尾、蟹虾的弃臂，但是最奇特的却是海参。当海参与敌接触，仓皇间无法抗衡时，竟能把内部器官，一股脑儿从肛门中喷射出来。这种突然间的肉弹式表演，竟能骇退外敌，剩下一个空躯壳，从容逸走。这个空躯壳，不食不动，经过几个星期的休养生息，体内会再生出一套内脏器官，恢复了生命。这样再生的本领，其他动物是望尘莫及的。

（曾　错）

最原始的鱼类

圆口纲动物是最原始的鱼形脊椎动物，现在除了盲鳗和八目鳗等少数种类以外，均已完全灭绝。从进化的时间来说，发现它们于中奥陶纪已开始生存，在距今4亿年前的志留纪及下泥盆纪最为繁盛。

鱼类的分类非常繁杂，学者之间的意见很不一致。国内外有的学者把圆口类列入鱼纲，圆口类为一个亚纲。我国郑作新先生把圆口类单独列为脊椎动物门下一纲。盲鳗和八目鳗的原始特征是没有上颌和下颌，口如一个圆盘；仅有软骨而无硬骨；脊柱仅以脊索上方的软骨性小片相连。圆口类动物经4亿多年还保持着原状，是动物进化研究的一种活标本。

我国产3种八目鳗，分布在东北的鸭绿江、松花江、黑龙江、乌苏里江、嫩江等水域。产1种盲鳗，分布在浙江、福建沿海。

人们做过一个实验，把手伸入养八目鳗的水缸中，结果手被八目鳗吸盘状的口吸住，在水中怎么也脱不掉，只好把手缩回，连同八目鳗带出水面，手才得以脱开。研究人员发现，八目鳗的舌肌相当有力，能作活塞样的活动，而且舌上有许多角质齿。由于营寄生生活，盲鳗和八目鳗的神经系统也很原始，盲鳗没有小脑，八目鳗则很小。而且这两类鱼都只有一个鼻孔，位于头的顶部。八目鳗的鼻孔和鼻腔相连，而盲鳗的鼻孔则和口腔顶相通。呼吸系统也很特殊，鱼都用鳃呼吸，但这两种鱼的鳃很原始，称为囊鳃，它们的呼吸瓣位于肌肉囊内，这些囊彼此隔离。例如八目鳗，因为它头的两侧各有 8 个小孔，所以人们称它为八目鳗。其实这 8 个目，只有 1 目是眼睛，后面的 7 目是囊鳃孔，是排水的器官。那 7 目实际是 7 个小孔，两侧就是 14 个孔，14 个孔都有一条延长的管子直通口腔，又称呼吸管。盲鳗的囊鳃孔也各有一条管子向后方延长，汇合成一条总管，开口于体外。

一般的鱼在呼吸时，把水吸到咽喉时，外鳃密闭，同时压迫水通过鳃从外孔流出，鳃丝上的微血管中的红血球通过一层渗透性的膜，搜集氧气，并排出二氧化碳。而盲鳗和八目鳗在寄生生活时，用吸盘状的口吸在别的鱼身上，所以不能用口吸水，而是用囊鳃壁的肌肉一伸一缩，使水从外孔吸进，再从外孔排出，从而完成呼吸。盲鳗则由鼻孔进水，从囊鳃孔流出体外。

盲鳗和八目鳗是“小鱼吃大鱼”的典型范例。人们

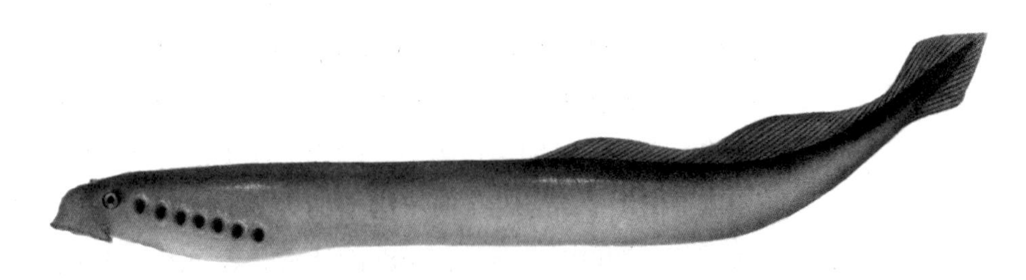

▲ 八目鳗

发现，一条鳕鱼的肚子里寄生着 123 条盲鳗，盲鳗全部鲜活蹦跳，而鳕鱼已经死亡，这群入侵者还在鳕鱼的尸体内吞食内脏。盲鳗体形为圆柱状，尾部扁圆，口像个圆吸盘，生长着锐利的牙齿，它从大鱼的鳃部钻进鱼体，一边吃，一边排泄。一条 500 克重的盲鳗在 8 小时内可以吃掉 15 千克的鱼内脏，是自己体重的 30 倍，实在是个贪吃的家伙。由于它长期寄生在鱼腹内，它的眼睛已经退化，主要靠它的嗅觉和须的触觉去“捕捉”大鱼。八目鳗就更厉害了，不但嗅觉灵敏，而且能造成 300 毫伏电场，发现有猎物后，它也用吸盘吸住大鱼，不断咬嚼吞食，同时在口腔里分泌出黏液，以防止寄生的鱼的血凝固。在几条八目鳗的进攻下，即使是凶猛的鲨鱼也无法摆脱被“小鱼”吃掉的命运。

盲鳗、八目鳗身体裸露，没有鳞片，也没有任何外骨骼，它们能分泌特别多的腺液，把一尾盲鳗放在一桶水中，不久，水就变成乳白色的胶状液，这也许是它们寄生到其他鱼体中的一种润滑剂。每年春天，通过寄生发育成熟的八目鳗、盲鳗性成熟，此时体长可达 60 厘米。它们由大海进入河口，奋力向上游游去，雄鳗矫健，游得较快，到达产卵场后，用吸盘紧紧吸附在岩石或卵石上，开始在水底做窝，等待雌鳗到来。当雌鳗来到雄鳗的巢里时，雄鳗用口吸附在雌鳗的头上，一个排卵，一个排精，一条雌鳗可产 6 万～ 8 万粒卵，随后它们相继死亡。孵化出的小鳗随水流回到大海，寻找宿主。3～5年后，小鳗又重复它们上一代的旅程，一代一代传下去。

（沈　钧）

知识链接

八目鳗

学名七鳃鳗，是一种七鳃鳗目的鱼。它的特点是嘴呈圆筒形，没有上下腭，口内有锋利的牙齿。八目鳗类鱼是一种奇怪的动物：它通过啃咬的方式进入动物尸体中进食，甚至可以在其中待上长达 3 天之久。这种可怕的进食方式会因为本身产生的二氧化碳造成动物尸体中所积存的水质变酸。

食人鲨

鲨鱼是鱼类中低等的类群，骨骼全由软骨组成，属软骨鱼纲，鼠鲨目。体呈长纺锤形，有强而有力的歪形尾，尾鳍发达，行动矫健，游泳迅速。鲨鱼的祖先是在淡水中生活的，其所以能成功地适应海水生活，主要是因为它在血液中保存着 2 %～ 2.5 % 的尿素。由化石考察得知，鲨鱼至今已有 3 亿多年历史，但至今外形仍没有多大改变，说明它的生存能力极强。现存的鲨鱼约有 400 ～ 500 种，我国的海域有 130 多种。

其中约有 20 多种鲨鱼会主动攻击人类和袭击渔船。大白鲨、虎鲨和牛鲨导致了其中大部分的伤亡事件。据记载，1942 年，在南非海面，一艘运兵船被鱼雷击中，千余人落水，结果被迅速聚集起来的鲨群围歼。“水下杀手”在落难者中横冲直撞，一排排尖刀状的牙齿，顷刻间杀戮了几乎所有落水者，海水漂红，其状惨不忍睹。每年在海中游泳的人遭鲨袭击的事件也时有发生。

鲨鱼的软骨骨骼很轻，具柔韧性，使它游得轻便。皮肤上微小的齿状突起有助于平衡水流和减少阻力。侵略性的鲨鱼体形似鱼雷，并有强有力的尾巴，有助于它们无声无息地接近猎物。食人鲨的嗅觉特别灵敏，尤其是对血腥味。更令人惊奇的是，它们的侧线系统对压力、对水中的低频率振动极其敏感，能听到人听不到的各种低频声音。食人鲨身上有几百个感受器，感受器内有感觉细胞，有绝缘的管道壁与皮肤上的小孔相连，管道内充满了电阻极低的胶状物质，这种感受器能感知周围0.01微伏／厘米的电场和周围动物的肌肉放射的生物电。凭着这种精确的感受器，并依据地球的电磁场，它能在漆黑的海底游动时丝毫不差地掌握方向。由于肌肉收缩力大，食人鲨反应神速，可猎获各种生物。

在各种食人鲨中，最凶恶的要数大白鲨了。大白鲨可以长到7米以上，有的长达12米，体重4吨左右。一条刚生下的大白鲨鱼苗就有1米多长，而且马上能捕食其他鱼类，稍大后则喜捕食温血动物，如海豹、海狮等兽类。

▼食人鲨

食人鲨在海洋中称王称霸的原因是它的牙齿特别阴森可怕：每颗牙齿都是三角形的利刃，每个齿刃上又长出一些小

锯齿。这些牙齿成排成排地排列在口中，最多的有 7 排，共 15 000 多颗。除了生长在上颌、下颌部位外，还分布在腭、舌、翼、犁等骨的表面，而且每个牙齿的后面都有若干后备牙，一旦旧牙脱落，新牙随即递补，新陈代谢不断，一生换牙不止。加上它巨大的咬力，任何动物到它口中，即刻就变成肉骨酱。

食人鲨生性贪婪，即使吃饱了，也会攻击其他动物或人类，因为它肚子里还有一个专门储藏食物的“口袋”，一次能放进 20 千克的食物作为储存。当胃中食物消化后，再把袋中食物转移过去。所以，它在一次捕食后，即使几天找不到吃的，也没有关系。食人鲨吃各种食物，人们从它胃中找到空罐头、煤块、玻璃瓶、破胶鞋，这都是食人鲨追随轮船吃到的垃圾。曾有过这样的记载，一艘军舰抛下的一枚炸弹竟被吃人鲨吞入肚中，结果炸弹爆炸，贪嘴的家伙葬身海底。

我国还有一种长尾鲨，它的体长只有 4 米，但尾长却有 2 米，它的攻击力极强，只要用粗壮的尾轻轻一扫，游泳者或其他动物，就被击昏在水中。此外，双髻鲨、大青鲨等也都十分凶猛。另一种人们原以为生性温和的猫鲨，被捕获后在腹中发现了小孩的尸骨。后来，人们发现，猫鲨还会半浮在海面，装死不动，让海鸟误以为是礁石，落下停歇。这时猫鲨还不马上进攻，而是巧妙地慢慢下沉尾部，让海鸟一点点移到头部。这时，猫鲨突然张嘴猛吸，把鸟儿吞入口中。

那么，食人鲨是不是什么都不怕呢？实验证明，鲨鱼惧怕橙黄的颜色，只要放一块橙黄色的木板或其他橙黄色的东西，食人鲨就会迅速游开。所以，现在设计的防鲨救生衣等都采用黄色。英国科学家还发现，鲨鱼对萤火虫的气味特别害怕，后来法国科学家制作了一种“萤火虫油”，游泳者去海滨游泳时，只要涂上这种油，鲨鱼就不会靠近。

鲨目鱼类体形都较大，但不管是卵生或卵胎生，产卵或产仔鱼数量较少，每次只产 2 ～ 40 粒卵或仔鱼。仔鱼产出就会捕食，并能独立生活。产卵的鲨产出的卵也很奇特，如星猫鲨的卵壳外有卷须，卷须可以缠绕、固定在海中的固着物上。虎鲨的卵外壳有两条阔而扁的边缘，呈螺旋状，一头也长有卷须，也能附着在海底固着物上。这种特殊的结构保证了胚胎的安全，所以它们产的卵很少，通常只产两粒。

（沈　钧）

能放电发光的鱼类

各种不同的电鱼，会用不同的方法产生电流。如热带海洋中的一种电鳐，在它的头部两侧的眼睛后面，各长有一个很大的发电器官。这种发电器官由六角形细胞组成，细胞内充满了浆状物质，生长着一系列的电极。每一个电极由小神经和鱼脑相连，电流从发电器上端流向下端。如用导体接触其发电器官的上端和下端两个部位，就可形成一个电流回路，发生一次电击。另一种电鳐的发电器官则生长在胸鳍的内侧，由若干肌肉纤维组成放电器。由于电鳐的放电器是由肌肉转化而成的，所以连续放电后，肌肉纤维疲劳了，就放不出电来。电鳐可以放出 50 安培电流，电压 60 ～ 80 伏，每秒放电 50 次。10 秒钟后，电流减弱并消失，要休息片刻后，才能重新恢复发电。

有一种电鳗，发出的电压高达650伏，足以致人于死地。如用适当的导线将电能量引出，可驱动一台小型电动机旋转好几分钟。在南美洲的亚马逊河流域，常能见到人们骑着马，挥动皮鞭，将一群牛赶下河去。不久，牛在河里颤抖起来，有的牛还钻入水里，再等一会儿，牛群开始平静，人就下到河中，用鱼叉叉起一条条1～2米长的电鳗。原来，人们赶牛下河是为了消耗电鳗发的电。等它们精疲力竭时，就能轻易地捕到电鳗。电鳗这种鱼不是鳗鲡或海鳗的鳗，而是鲤形目脂鲤科的近亲。电鳗的行动迟缓，生活在缓流的淡水中，并不时浮到水面，呼吸空气。它体长最长达3米，体重22千克，尾长约占体长的4／5。它的发电方式和上面两种电鱼不同，电极纵向排列，由脊髓神经系统向电极供能。电鳗产生的电流沿它身体从头到尾的两侧进行传播。

电鲶也是一种常见的电鱼。电鲶种类很多，生活在尼罗河和非洲的一些淡水河中，它的发电系统和电鳗相似，但放电量不如电鳗。电鲶十分懒惰，行动缓慢，主要靠放电杀死鱼和蛙，获得食物。非洲还产另一种电鲶，和以上的鱼不同，它的发电器官长在皮肤和肌肉之间，形成一层胶质的厚膜，将躯干部全部包围。电极散布在膜中很不规则，和鱼体成直角，电流是从尾部流向头部的。

毫无疑问，电鱼放电一是为了保护自己，如鲟、长颌鱼、瞻星鱼等发出的电流较弱，只能用于防御；二是为了狩猎，如电鳐发出的电能杀死或麻痹对方。人们解剖两条电鳐，在一条电鳐的胃中，发现了一条 2.2 千克重的鳗鲡和一条 1.1 千克重的鲽鱼，在另一条电鳐的胃中，发现了一条 5.5 千克重的鲑。这些被食的鱼身上都有电击的伤痕。

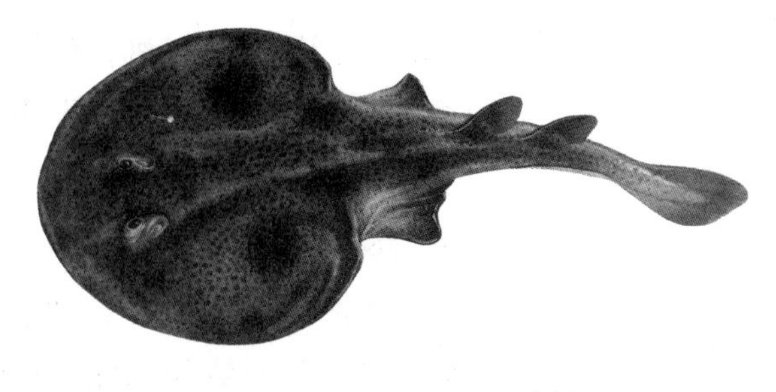

▲ 电鳐

人们根据放电鱼的特性，制造了能储存电的电池。现在我们日常所用的干电池，就是受到电鳐发电器官的启发，在正负极间填装糊状电解质而制成的。

更加令人叫绝的是，鮟鱇在深海时，它头顶伸出的钓竿状顶端的“诱饵”还会发光。在黑暗的深海，一丝光亮会招来许多小鱼，它们像飞蛾扑火一样，送到鮟鱇的口中。发光是鱼类皮肤的一种变异，这是由于鱼的皮肤腺细胞的分泌液中所含有的磷质和来自血液中的氧，产生了氧化反应而发出光来。但有的鱼类没有发光器官，也能发光，那是因为这些鱼类的一些组织中有能发光的细菌。在海洋鱼类中，约有 40％的鱼类能发光，如深海中的各种灯笼鱼、银斧狗母鱼、丰年鱼、钻光鱼等，它们的发光颜色不尽相同，构成了各种不同的光斑图案。某些鲨类也能发光，角鲨的光是一种强烈的绿色磷光，它的发光器官密布在皮肤内，数量非常多。大西洋中的一种乌鲨在死后 3 小时内还能发光。

有的鱼类发光器比较复杂，如大口鱼类，它的身体两侧有两行发光球，一行在腹部，一行在侧面下缘。有的发光器官分节排列，每一脊椎骨就有一组，每组有 4 个发光器。每一个发光器埋在皮肤的囊状体中，囊口有一水晶体，囊壁有黑色素，不使光线透过，相当于幻灯机的反射器。

生活在加勒比海中的隐灯鱼的发光器是由寄生在它眼下的一种细菌发光的。在夜间，人们大约在 15 米远的地方就能看到隐灯鱼的光亮。由于隐灯鱼是细菌在发光，所以一直是亮着的，但隐灯鱼也能关闭这盏“灯”。原来，隐灯鱼有一种特别的眼睑，眼睑升上来，把发光器遮住，灯就熄灭了；眼睑翻下去，发光器露出来，灯又亮起来。

发光是鱼类的一种通信方法，这对鱼类寻找配偶有很重要的作用。同时也是一种警戒，能起到威吓敌害、保护自己的作用。还可以以灯光为诱饵，达到觅食的目的，可见鱼儿有多聪明。只是它们万万想不到，这灯光也暴露了自己，人类就是利用鱼儿的光去捕捞它们的。

（沈　钧）

发光的鮟鱇鱼

生活在深海里的鮟鱇鱼背部有一个发光器官，能发出红、蓝、白 3 种颜色的光，像是一盏小灯笼，故又称灯笼鱼。它的腹部有两列发光器，上列发出红色、蓝色和紫色的光，下列发出红色和橘黄色的光。鮟鱇鱼还有很多其他俗名，如结巴鱼、蛤蟆鱼、海蛤蟆等等，属中型底栖鱼类。平时潜伏海底，不善游泳。有时借助于胸鳍在海滩涂上缓慢滑行，每移动一步便发出酷似老头咳嗽的哼哼声来，所以，在我国北方沿海又称它为“老头鱼”。

鮟鱇鱼为世界性鱼类，大西洋、太平洋和印度洋都有分布，种类多样，我国只有两种——黄鮟鱇和黑鮟鱇。别看名字好听，它可是一种长得很难看的鱼，它体前半部平扁，呈盘状，向后逐渐尖细，全身犹如一把琵琶，故又有“琵琶鱼”之称。再加上胖胖的身体，大大的脑袋，

▲ 鮟鱇

一对鼓出来的大眼睛，大嘴里两排坚硬的牙齿，相貌更是丑陋至极，身上唯一的亮点就要算头上的那盏小灯笼了。

这个小灯笼到底是干什么的呢？小灯笼是由鮟鱇鱼的第一背鳍向上延伸形成的，好像钓鱼竿一样，末端膨大形成“诱饵”。小灯笼之所以会发光，是因为在灯笼内具有腺细胞，能够分泌发光素，在光素酶的催化下，与氧进行缓慢的化学反应而发光的。深海中有很多鱼都有趋光性，于是小灯笼就成了鮟鱇鱼引诱食物的有利工具。一群鱼儿在自由自在地游动，无忧无虑地寻找着食物，那深海处一闪一闪的亮光，吸引了鱼儿们的目光，“好奇心”驱使鱼儿向发光处游去，它们不知道危险就在面前。这群小鱼向小灯笼游来时，鮟鱇鱼不动声色，等小鱼游到面前时，它就突然张开自己的“血盆大口”，把这群小家伙吞到了肚子里。这回大家知道了吧！这个小灯笼是它“垂钓”用的“诱饵”。在生物学上把这个小灯笼称为拟饵。但有的时候拟饵也会给它惹来一些麻烦。因为闪烁的灯笼不仅可以引来小鱼，还可能引来凶猛的敌人。当遇到一些凶猛的鱼类时，鮟鱇鱼就不敢和它们正面作战了，它会迅速地把自己的小灯笼塞回嘴里去，顿时海洋中一片黑暗，鮟鱇鱼趁着黑暗转身就逃。冲着鮟鱇鱼来的大鱼，在黑暗中无所适从，只得悻悻离去。

在漆黑的海底，鱼类所发出的光是没有热量的，是冷光，也叫动物光，它们发光的目的各不相同。鮟鱇鱼发光除了具有捕食的功能，同时也是为了招引异性，并不是所有个体都有小灯笼的，只有雌体具有。一般雌鱼体形较大，而雄鮟鱇却相反，只有雌鱼的六分之一大。当它们结为夫妇后，雄鱼就会吸附在雌鱼的身体上一起生活。当它们相亲相爱久了，有的雄鱼还可能与雌鱼连为一体，这样即使雄鱼没有钓竿，捕起食来也不用太费力气。

鮟鱇鱼不仅肉味鲜美，而且具有很高的药用价值。它的肝脏提取物对某些癌症具有30％的抑制率。鱼胆可提取牛磺酸和氨基乙黄酸，临床上用以消炎，清热解毒。民间常把鱼骨焙干成粉，调麻油，治疗疮疖。欧洲一些国家还从它的胰腺中提取胰岛素，用以防治糖尿病。

（彭士明）

鮟鱇鱼的生产繁殖

鮟鱇鱼的胃口很大，它的胃中常充满着鲨鱼等。它生长在黑暗的大海深处，行动缓慢，又不合群生活，在辽阔的海洋中雄鱼很难找到雌鱼，一旦遇到雌鱼，那就终身相附至死，雄鱼一生的营养也由雌鱼供给。久而久之，鮟鱇鱼就形成了这种绝无仅有的配偶关系。

条纹鮟鱇鱼的交尾行为短暂而有趣。雌鱼排泄出若干枚成片凝胶状卵子，用以吸附随海水浮动的雄鱼精子。随后，受精卵上浮到水面数天，再沉落海底，直到胎儿孵化出来。在澳大利亚南部沿海发现为数不多的鮟鱇鱼，它们以另一种方式交配。这种表皮光滑的雌鱼排出的卵子，比其他种类的鮟鱇鱼卵子数量少些但个头更大。

奇特的闪光鱼——光脸鲷

一条满口利牙的鲨鱼朝着一个亮光处穷凶极恶地猛扑过去。奇怪，当它扑到那里时，眼前却是一片黑暗，什么也看不见，它只好悻悻地游往别处。不一会亮光又闪烁起来，还亮得那么耀眼。这是怎么回事呢？原来，这是光脸鲷发出的光。

光脸鲷是发光金眼鲷科的成员，体长只有 8 厘米左右，和我们常见的金鱼差不多大小。它身体椭圆、侧扁，背鳍和臀鳍的位置上下相对，不过后者较短，尾鳍分叉。白天光脸鲷呈银灰色，夜间转为银黑色。它的两眼下缘各有一个新月状的大型发光器，十分引人注目。这种鱼没有真正的眼睑，但在发光器的外表面有一层像眼睑似的黑色皮肤褶膜，其作用和电灯的开关一样，升起来将发光器遮住，光就隐没了，降下来就使发光器显露，发出蓝绿色的光亮。光睑鲷像“眨眼”那样，通过开关似的皮膜控制眼下的两盏“灯”时明时灭。

在所有发光动物中，光睑鲷的发光器是最大和最明亮的，它的发光本领胜过任何发光动物。据测定，光睑鲷的发光强度为 2 微勒克司。在黑暗中，一条光睑鲷所发出的光亮，能使离它 2 米远的人看出手表上的时间。因此，水下科学考察工作者和潜水员常常抓一条光睑鲷放在透明的塑料袋中，作为水下照明之用。

光睑鲷发光器的构造和原理与灯笼鱼类不同，它主要由许多深入真皮的腺状小管组成；前表面色淡，后表面和上表面有一个黑色素罩，使发出的光线射向周围环境，而不会影响自己的视觉；内里还有一层银色反射体，用来加强光的强度。

实际上，光睑鲷本身并没有发光能力。它和其他许多发光鱼类一样，依靠与自己共栖的发光细菌作为光源。据科学家计算，一条光睑鲷的每个发光器中大约生存着 100 亿个发光细菌。当这些发光细菌消耗鱼的血液所提供的养料和氧气时，就将化学能转变为光能，发出黄光。即使这类鱼死去了，发光器仍可继续发光 8 个小时，甚至更长时间。可见，光睑鲷与发光细菌是相互依赖的，前者靠后者发光招引食物，以及与同类相识，后者靠前者的血液供应养料和氧气维持生命。

光睑鲷分布在印度尼西亚直到红海沿岸的广阔海区。白天或有月光的晚上，它们常常匿伏在珊瑚的洞穴之中，黑夜才单独或结群从洞穴中出来，捕食小型甲壳动物、蠕虫和其他浮游生物。

▲ 光脸鲷

众多的光脸鲷聚集在一起，便如同倒映在水中的点点繁星，显得分外美丽，给漆黑寂寞的大海增添了不少生气。这些光亮既为光脸鲷引来了食饵，同时也招致了一些危险的敌害。这不要紧，当它们受到敌害威胁时，就立即拉上皮膜熄灭光亮，使敌害不知其所在。

通常，在没有月亮的夜间，光脸鲷群集在水的表层，它们一般是几十条一起活动，多时可以达到 100 ～ 200 条，游动时没有一定的方向，常常形成一个大约球状的范围。据测定，光脸鲷的正常“眨眼”闪光频率约为每分钟 2 ～ 3 次，当受到惊扰或袭击时，闪光次数就明显增加，每分钟可高达 75 次，以此来模糊敌害的视线，而自己则借此逃之夭夭。另外，遇上敌害时，它们会立即按“Z”字形路线游泳。在“Z”字形的第一段，发光器亮着，然后突然关闭，急速转弯。这样，当发光器重新启开时，往往已经摆脱了敌害追击。

海洋生物学家在潜水观察时用一个反射镜去引诱光脸鲷，结果，它会追逐自己的影像，并不断地改变闪光的形式。一旦两条光脸鲷相遇了，彼此间的闪光形式也会发生变化。为了进一步证实这一现象，科学家在实验室的水族箱里放入一个仿光睑鲷的模型，让一条真的光睑鲷和它相见。结果，活鱼不仅追逐鱼模型，而且一个劲地变幻自己的闪光，像是在和它打招呼似的。最后，科学家们做出了一个极为有趣的解释，他们认为光睑鲷可以通过改变闪光的形式，彼此进行交谈和通讯。现在，这种奇特的闪光鱼已经和其他一些发光鱼一起在国外不少水族馆里展出，供人们观赏。

此外，印度尼西亚班达群岛的渔民们利用光睑鲷闪光的特点，把发光器从鱼体上切下来，扎在钓具上作诱饵，用来诱捕大鱼。

（华惠伦）

泥潭中的弹涂鱼

弹涂鱼广泛分布在温、热带近海区域，属暖温性或暖水性近岸小型鱼类，共有 20 多种。我国产大弹涂鱼、弹涂鱼、大青弹涂鱼、青弹涂鱼 4 种。

弹涂鱼最大的特点，让人看一眼就不会忘记的就是它那突出的大眼睛。突出的眼睛可以补偿水和空气折射的误差，使它能够适应陆地上的活动，以至弹涂鱼在空气中的视力较好，而在水中的视力却逐渐退化了，弹涂鱼的大眼睛可以左右灵活地转动，同时看清楚空中和水中两个世界。

在进化中，弹涂鱼的鳍也发生了明显的演变。最明显的是弹涂鱼的腹鳍演化出吸盘，可以帮助它牢固地待在石块、树枝等物体上。坚强有力的腹鳍支撑身体，演变得很好的胸鳍肌肉把身体向前拉，鱼开始向陆上移动了。弹涂鱼把鳍当成桨，像在海中划水一样在泥地上行走。

弹涂鱼的背鳍也进化了，它们一改原来在水中保持身体稳定的特性而能折叠，其作用也随之改变。在陆地上生活的弹涂鱼开始在动感情的时刻使用背鳍，它成了表示愤怒和敌意的象征，但使用得最多的却是在为吸引配偶而发出信号的时候。随着弹涂鱼行走的增加，它们的腹鳍和胸鳍的肌肉也变得特别发达，以至于它猛地一跳，可以在陆地上跳出一段距离。

在陆地上，弹涂鱼远离捕食鱼，但也会遇上鸟、蛇等新的敌人和麻烦。有时，一些弹涂鱼像它们的祖先一样，直接往水中躲逃，使劲游到安全的地方。有时，弹涂鱼在慌忙逃命之际，逃生的本能使得它用尾部用力推地面，使得自己跳了起来。弹涂鱼能猛力跳起来的功能又使它在捕食中获益，猛力一跳，可跳过身长的 3 倍远，跳到身体的两倍高。

▼ 弹涂鱼

弹涂鱼不但有像腿一样的鳍，能在陆上走、爬甚至跳，而且它们在陆地上还能自如地呼吸。这一切都得归功于它们皮肤和鳃腔的特殊结构。弹涂鱼可以在树上或石头上行走，也可以抓取木头、树枝或泥土上的沙蚕、小虾、昆虫及藻类等东西为食，极易于攀爬。虽然没有肺部，但是喉部内有发达的毛细血管可以起到呼吸作用。

弹涂鱼能离水居住到浅海滩或近海河滩的泥潭上，然而有水的洞穴仍然是很多弹涂鱼的安家之所，在遇敌时则迅速藏匿于洞中，如在潮落时，可以躲避蛇、海鸟等陆上捕食者的袭击；潮起时，隐匿于水中的洞穴可使它们避免成为经常在浅滩巡游的食肉鱼的美食。弹涂鱼的洞穴还是雌鱼哺育下一代的产房和育儿室。每年春天，雄性鱼便会在自己的领地上挖出一个个半米多深的洞穴。这些洞穴的形状有些像字母 J，有些像字母 Y，不同的是像字母 J 的洞穴只有一个入口，而像字母 Y 的洞穴则有两个入口，但它们都有一个向上弯起的终端，这是为将来的弹涂鱼妈妈产卵、孵卵而准备的。

雌弹涂鱼的产卵期为每年 5～8 月。这时，雄弹涂鱼就会向雌弹涂鱼表演舞蹈以表达自己的爱情。雄弹涂鱼的体表会从晦暗的黄褐色变成清爽的米白色，这套“演出服”在暗色泥土的衬托之下，使雄鱼显得帅气十足。为了将雌弹涂鱼引入自己精心打造的洞房，每只雄弹涂鱼都可谓使出了浑身解数，它们鼓起鳃，弓起背，支起尾鳍，扭动身躯。当雌弹涂鱼被其魅力倾倒，向其靠近时，雄鱼会继续用表演的方式引其入自己的洞穴，有人目睹一条雄鱼连续侧跳 83 次求偶舞蹈。到家门口时，求婚者会不时钻入洞穴，又迅速钻出，以邀请它的未婚妻来共享新家。要是后者犹豫，它会再次钻入又迅速钻出以示自己的诚心，如此反复，直到对方最终点头同意。然后，“新郎”随即用泥土堵住洞口，关上房门，从此开始了新婚生活。这对“新人”将共同生活在一起，洞穴及其周围的小块领土便是它们的新家。蜜月中，它们时常将身体缠绕在一起，向对方传达自己的爱慕之情。在自己的领地里寻找食物时，它们还会摆动背鳍，相互间似乎在交流着什么。为安全起见，雄鱼还要密切注意雌鱼的行踪，要是“新娘”离洞穴太远，“新郎”会马上把它追回来。

为观察到弹涂鱼卵的发育情况及雌鱼的孵卵过程，人们将内窥照相机插入孵卵室上方的泥土，观察到了弹涂鱼在地下世界的生活。原来弹涂鱼的受精卵被精心嵌在孵卵室泥壁上。在那里，受精卵要待上一星期后才发育成鱼宝宝。

鱼卵发育完毕后，周身透明，它们还得继续生活在洞穴的污水中，最后才由那里游向广阔的海洋。

（吴维春　沈　钧）

海葵鱼的奥秘

海葵鱼的眼睛后方，常常有一条明显的白色，看上去像戏剧里丑角的化妆，所以它的俗称为“丑鱼”。

海葵鱼主要生长在印度洋和太平洋西部的热带水域里，它们的生存离不开海葵。因为在茫茫的海洋里，海葵鱼是一类弱小的动物，当它们受到其他动物威胁时，便立即躲入海葵的触手之中，在海葵触手的保护中求得安全。海葵的口周围有许多圈触手，几十个触手的数量通常是 6 的倍数，全部伸展开来，仿佛葵花开放。触手上密布着刺细胞，其囊中含有毒液，如果来犯者碰上它，就被毒液射中，很快瘫痪，然后触手慢慢地将来犯者送入口中，变成海葵的果腹之物。

20 世纪 90 年代，美国海洋生物学家戴维・霍尔在考察中发现，有 26 种海葵鱼对海葵的依赖关系甚为密切，几乎不能离开海葵 1 米以上。一条海葵鱼如果稍微远离海葵，它们游泳姿势好像迷失了方向，缺乏正常鱼儿所具有的游速和防卫能力，以致很快被捕食者吞吃。因而有人说：“海葵鱼不仅离不开水，还离不开海葵呢！”“海葵鱼”之称也由此而来。

不过，海葵鱼并不喜欢将所有的海葵都作为自己的“家”，它是有严格选择的。据调查，在全世界大约 800 种海葵中，只有 10 种海葵能成为海葵鱼的“家”，所以海葵鱼的栖息地是十分有限的。对于海葵来说，它对海葵鱼往往来者不拒，能来多少就容纳多少。海葵鱼总是年年栖息在同一海葵上，一般不会轻易“搬家”。霍尔曾在巴布亚新几内亚附近的一个暗礁上进行考察研究，他从未发现一条幼鱼能在一只海葵中“安家”，因为每只海葵都已经“客满”了。后来，霍尔把居住在海葵中的一条海葵鱼赶走，腾出一个空位，结果就有一条幼鱼住进去了。有时，也有少数犟头犟脑的新来客企图赶走老居民，此刻，老居民会毫不留情地保卫自己的家园，凶猛地驱逐入侵的同类。如果一条幼海葵鱼不能很快地找到一个“家”，在外面游荡的时候越久，它就越容易遭到敌害的袭击，幸存的机会也就越少。

海葵鱼的另一奥秘，那就是它奇妙的性变。雌性海葵鱼产卵之前，雄性海葵鱼会把产卵场——海葵基部清扫干净。雌鱼产下数百粒橙色的圆形卵后，雄鱼便忙碌不停，它既要当保安，又要做供氧工，不停地用鳍在卵的上面扇动水流，以此为卵源源地供给氧气。当仔鱼的眼睛开始发育时，鱼卵上会出现一层银色的光泽，十分炫目。大约两个星期后，仔鱼就在晚上孵出。之后，仔鱼各奔东西，在海中漂泊。在此期间，雌鱼可能再产下一批卵，或者等上一个星期再产卵，让雄鱼暂时休息。

▲ 海葵鱼

为了探索一对海葵鱼配偶被打扰后会发生什么样的变化，霍尔特地从一只海葵中赶出一条雄鱼。一个月后，最大的一条幼鱼长成一条成熟的雄鱼，并且照料一批刚产下不久的受精鱼卵。这条新长成的雄鱼，已长得几乎与被赶走的前辈一样大，而其他的幼鱼则只稍稍长大了一点。

但是，当霍尔从一只海葵中赶走一条雌鱼后，其他的鱼都在成长，占据着海葵的空间，一条新的雌性海葵鱼已在海葵底部安家。不同的是，并非最大的一条幼鱼直接变成雌鱼，而是由原来最大的一条幼雄鱼变为雌鱼。这一性别角色的转换在行为上只要几天工夫就可以完成，可是在生理上的变化——达到能够产卵，则需要花几个月的时间才能完成。这种先具有雄性繁殖能力，后变为雌性的模式，霍尔叫它为“雄性先熟雌雄同体”。这种性模式在暗礁周围的鱼类中是罕见的。雌鱼不能转变成雄鱼，霍尔叫“雌性成熟雌雄同体”。这种性模式，在暗礁周围的鱼类中是常见的。

性别转变，对海葵鱼来说具有重要的意义，因为它们的生活仅仅限于在一只海葵周围的小范围领地内，如果一对配偶中之一方成为敌害的口中之物，或者是因其他原因而死去了，活着的一方不可能为了寻找配偶而游离家园，也不会出现其他鱼来求偶的可能性。如果海葵鱼不具有这种性别转变的能力，幸存的一方不但只能等待一条适当性别幼鱼的到来，而且还要等它长到生殖成熟期，这对繁衍海葵鱼种族是十分不利的。所以海葵鱼的性别变化是生存、繁衍的必要条件。

（华惠伦）

剿灭“食人鲳”

在亚马逊河流域的一些淡水湖泊、河川中，生活着“食人鲳”，又名水虎鱼。食人鲳实际上和我们常见的鲳鱼不属同类，只是外形有点相似，分类应是脂鲤科，锯鲑脂鲤亚科中的红腹锯鲑脂鲤。食人鲳的相貌很丑，头圆钝，颌短而坚强，头和两侧呈黑色，腹部橙黄色，最可怕的是满口牙齿尖锐，宛如剪刀一般。曾有一位女探险家在秘鲁内陆耶米利亚的印第安人村落考察，一天下午，她到村边的湖中去游泳，她穿着游泳衣进入清冽平静的湖中，正好印第安部落的酋长路过，在她后面大叫“快回，有食人鱼”。她迅速游回岸边，食人鱼已经追过来，还好只有一两条食人鱼，她只是脚趾上被咬破点皮。

为了证实食人鱼的厉害，酋长用绳子绑住一头山羊，把山羊抛入湖中。仅三两分钟，山羊落水处的湖水如沸

▲ 食人鲳

腾一般，成百上千条食人鱼蜂拥而至。5 分钟后，酋长拉起绳子，绳子一头只剩下一副山羊骨架，骨骼上的肉已被啃得干干净净。被山羊骨架带上岸的几条食人鱼，在草地上活蹦乱跳，碰到什么咬什么。这真让那位探险家越想越后怕。据当地文献记录：“有一个人骑着一匹马渡河，到被别人发现时，只剩下衣服和人、马的骨头，肉则全被吃掉。”后来，这位女探险家还碰到了几位缺手、断腿的人，他们都因在河、湖中遭到食人鱼的突然袭击而致残。在当地印第安人部落中，还保留一种水葬的习俗：尸体抛入湖、河中，让食人鱼吃掉。有些罪犯也利用食人鱼吃掉被害人，以消灭罪证。

“食人鲳”为热带暖水性鱼类，喜弱酸性软水，适宜水温 22 ～ 28 ℃，水质要求不严格。成年个体通常选择在黄昏时分出来觅食，幼体则整日活动。食物为小的鱼、虾、两栖类、水生无脊椎动物等。成熟的雌、雄鱼外观相似，但雄鱼体色稍鲜艳，个体较小，雌鱼体色稍浅淡，个体较大。繁殖期时雌鱼将卵产在水中的树根、石隙间受精，卵具黏着性。雌鱼每次产卵 2 000 ～ 4 000 粒，一年可繁殖多次。亲鱼有护卵行为。受精卵在 36 ～ 48 小时就可以孵化出仔鱼，仔鱼在 48 小时内吸收完体内的卵黄素就会自己摄食，仔鱼经过 15 ～ 18 个月发育成熟。

“食人鲳”虽是性情凶猛的鱼类，但它们体形较小，对体形较大的鱼类及其他动物的捕食是具有较大风险性的。在亚马逊河流域丰水季节，食物丰富，此时“食人鲳”的群居生活较为松散，它们一般捕食小的鱼虾、昆虫、蝌蚪及水生无脊椎动物，极少对体形较大的鱼类、动物及人畜发动攻击。在枯水季节，由于“食人鲳”种群相对密度较大，在食物极为匮乏时，饥饿难耐的“食人鲳”才会对进入其捕食范围的较大鱼类、动物及人发生袭击，但成功率并不高。

由于“食人鲳”独特的捕食方式，很为人注意，被人捕捉来驯养当作观赏鱼。由于它对水质要求不高，各种肉质饵料都吃，繁殖也容易，只要水温在 26 ～ 28 ℃之间，2 年龄的成鱼就能交配产卵，所以很快传遍世界各地，近年我国各地也有许多地方和家庭进行饲养。

“食人鲳”属于风险性较大的外来物种，特别是我国南方的许多水域与“食人鲳”原产地的自然条件相同或相似，“食人鲳”一旦进入自然水体，适应了环境，形成种群，后果将是灾难性的。它不但会对入侵水域的渔业资源、生物多样性及生态系统造成极大的破坏，而且对进入水体的动物甚至人的生命安全造成潜在的威胁。故而我国有关部门为了防止“生物入侵”造成生态灾害，对食人鲳的进口加以封杀，控制在专业、研究机构饲养，市场上不允许流通。

而在海洋中，还有一种更凶猛的食人鱼——魣，它长有坚强的上下颌，齿扁平如短剑状。幼鱼集群，成鱼则单独活动。这种鱼在西印度岛被称为“比科尼”，当地人怕它比怕食人鲨鱼还厉害，因为它体形小而且数量多，经常在近海人们游泳、活动处，肆无忌惮地攻击人。据《安的列斯岛博物志》一书记载：“在想吃人肉的许多怪物中，比科尼是其中最可怕的一种。这种鱼的外形像狗鱼，体长 182 ～ 253 厘米不等，身围也相当大。当它们发现目标时，就像饿狼一般在水中迅速前进。齿上有剧毒，人即使被轻咬一口，若不马上用强效的药物治疗，即有生命危险。”魣的食物主要是鱼类。有趣的是，它们常把鱼类赶到浅水处，然后守着不让它们跑，等胃中的食物消化后再捕食。如果能吃到人肉或马、犬的肉，它似乎更高兴。

（沈　钧）

观赏鱼

从广义上说，凡能饲养在水池中，供人近距离观赏的鱼类都是观赏鱼。因为每种鱼的形态各异，都具有一定的观赏价值。随着科学技术的发展，许多海洋鱼类，包括深海鱼类也开始为人饲养、观赏或研究。狭义而言，观赏鱼是指形态、色彩比较美丽，经人工选择饲养已能人工繁殖或容易捕捞的鱼类。观赏鱼可分三大类：冷水鱼类、热带鱼类、海水鱼类。冷水鱼是指能适应 0 ℃以上水温生存的鱼类。冷水鱼中，最早的观赏鱼当推鲤鱼。

我国著名的观赏鲤有：荷包红鲤，体形似荷包蛋；兴国红鲤，全身红黄色；团鲤，腹部特别肥大；龙州镜鲤，鳃盖血红色，体丰透明；红镜鲤，全身橙红。还有光鳍鲤、厚唇鲤、大头鲤、翘嘴鲤、云南鲤等。我国的鲤鱼大都放养在池中，只是体形、色彩稍有变化，没有发展为像金鱼一样盆养。

冷水鱼中的金鱼是世界著名的观赏鱼，金鱼是鲫鱼的变种。早在唐代，随着佛教传入，野生的红黄色金鲫鱼即被放生在放生池中。

金鱼在进入人工饲养阶段后，很长一段时间还只是全红色体色，直到1214年时，才出现有花斑和白色的变异的体色，但体形仍如野生鲫鱼。后来金鱼开始进入盆养时代，鱼的活动范围缩小，加上充足的饲料，鱼体逐渐变得短圆。原来主要用作划水的坚强的单尾鳍和胸鳍退化并发展成具有另一种功能的器官，为在静水中平衡身体而变成宽大、柔软的四开双尾。在人工选择和长期的定向培育中，金鱼变异出双尾、五花、双臀、长鳍、凸眼、短身等品种。

据记载，公元1848年到1925年的77年间，是金鱼人工培育出现许多优良品种的时代。记载金鱼杂交遗传及饲养法的著作大量出现，也加速了金鱼的变异。当时产生的名贵金鱼品种有狮头、墨龙睛、望天眼、翻鳃、绒球、水泡眼、鹅头、珍珠鳞等。到现代，比较稳定的品种达300余种。加上偶然出现的、遗传性能不稳的有千余种。根据鱼各部位的变异特征，可确定金鱼的品系和分类。按它们的体形，可分为4大品系。

草种：体形还保留着原始的鲫鱼体形，呈纺锤形、尾鳍不分叉，其他各鳍正常，但都比原先稍长、变软。文种：身体短圆，尾鳍分叉成四开，视鱼背如“文”字。龙种：身体短圆，背弓状，两眼凸出眼眶。蛋种：身体椭圆，无背鳍，尾有长有短。

冷水鱼中的锦鲤是又一种著名的观赏鱼。中国的观赏鲤传入日本后，日本人在长期的饲养中对鲤鱼进行选择、杂交、培育，约在 18 世纪初，培育出不少观赏鲤的新品种。初时只在贵族中流传，故又称“贵族鱼”，后来又引进德国的“草鲤”和“镜鲤”加以杂交，培育出了色彩鲜艳如锦的锦鲤。

饲养观赏的热带鱼，起源于古代的埃及及罗马，距今约 2 000 多年。近几百年，才逐渐传到世界各地。我国饲养观赏的热带鱼的历史约有 70 多年。我国最早饲养热带鱼的地方，要算广州和上海。

▼ 锦鲤

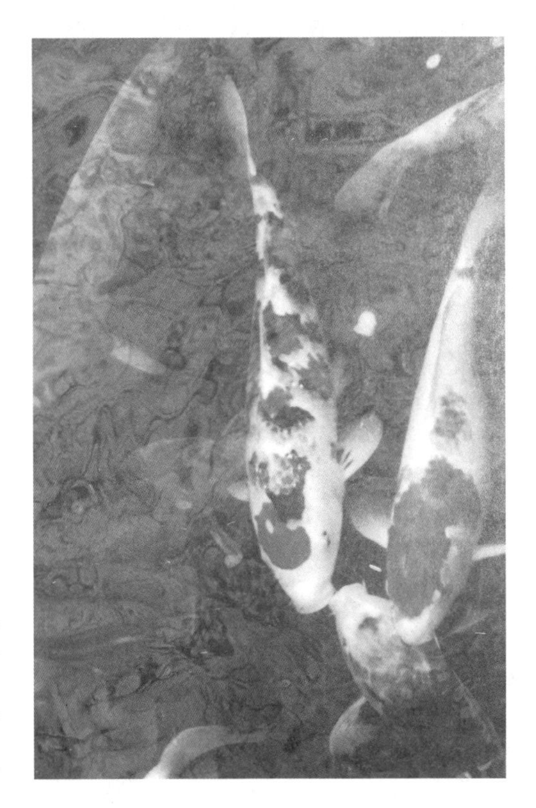

热带鱼大多属硬骨鱼目，种类很多，和金鱼、锦鲤不是同一品种，而是独立的种。一般来说，目前以家庭观赏为目的的热带鱼，大约有 500 ～ 600 种。有的品种经人工选择培育后又产生许多新品种，如剑尾鱼的品种有红剑尾鱼、帆鳍剑尾鱼、燕尾剑尾鱼、鸳鸯剑尾鱼等。

海水观赏鱼主要来自海水中，生活在珊瑚岩礁中那些美丽的鱼类，它们的发展也是现代科学发展的产物，越来越多的海水鱼被饲养作观赏鱼。海水鱼饲养历史较短。由于需要人工配制海水和高质量的充气，以及水循环等设备，在国际上，海水观赏鱼饲养先在一些沿海经济发达国家开始发展，约在1840年时，有人开始配制海水，使海水鱼饲养得以向内地发展。海水鱼的特点是海水鱼不单形体千奇百怪，而且色彩更为艳丽。

我国除了水产专业单位外，家庭饲养海水观赏鱼还是近几十年的事。有人说从养淡水鱼转养海水鱼，犹如小学升中学，这是指海水鱼饲养条件复杂，难度很高。单从饲养技术角度来说，我国传统的名牌金鱼的饲养也是很不容易的。

（沈　钧）

鳗鲡成长的奥秘

鳗鲡最神秘的特点在于它们独特的生殖习性。那是因为迄今为止，对于鳗鲡成长的奥秘，人们还没有完全搞清楚。

鳗鲡是生活在水底的鱼类，分布在温带到热带的广泛地区。我国产 6 种，世界上共有 16 种。我国常见的是中华鳗鲡和日本鳗鲡，因在江河里成长，又叫河鳗。

鳗鲡全身呈长管状，没有鳞片，没有腹鳍，但是背鳍、尾鳍和臀鳍一直连接下来，其他的鳍上也不带有硬刺。黏腻扭动的长条形身躯使得鳗鲡的外表看起来不像一条鱼，反倒像一条蛇。它们在水中扭动前进的泳姿，也和蛇在陆地上爬行的样子差不多。鳗鲡游泳时整个细长的身体不停地左右扭动，把四周的水推向身体两侧后方以产生前进力。鳗就是这样游向大海产卵场的。鳗鲡

还可以做出反方向的S形波浪动作，也就是由尾部开始摆动，然后延伸到头部去，因此它们可以倒着游。幼鳗也因此可以溯流而上，从大海游回江河中。

几百年来，鳗鲡的生殖习性一直是个神秘的谜，成年的鳗鲡栖息在河流和湖泊中。每年一到春天，大批的幼鳗便从海洋游进淡水的河流和湖泊。到秋天来临之际，又有成批的成鳗游回到海里去，可是人们从来没有看到过它们的卵和鱼苗。直到1922年，丹麦的动物学家约翰尼斯·史密特（Johannes Schmidt）才在西印度群岛的索鲁加莎海附近发现了欧洲鳗孵化后的个体，终于找到了它的繁殖场所，也对欧洲鳗的成长过程知道了大概。欧洲鳗平常生活在淡水中，在生长期为黄色，约3～4年长大成熟后要长途跋涉游向大海。到了秋天完全不吃东西，消化器官萎缩，而生殖器官发达，体色变成银色（婚姻色），顺流而下进入海中。它们入海以后如何行动，人们至今还未搞清楚。但已发现，它们自大西洋旅行5 000千米，到达西印度群岛的索鲁加莎海350米深的海水中产卵，然后匆匆结束一生。春天，它们的受精卵需要在相当高的水温、压力和某种盐度的条件下，孵化为透明的扁平形状，称为“柳叶形鱼”。仔鱼生活在海洋表层，生有长针状的齿，用来捕捉微生物作饵料，并尊重它们父母亲的遗训，告别出生地，开始作回老家的长途洄游。这些鳗苗随墨西哥湾漂流向欧洲，两三年后才抵达欧洲海岸。这时候它们体长约7厘米，已接近变态。变态在秋季进行，那时仔鱼停止觅食，体长缩短到6厘米左右的圆筒形，身体透明，称为“狭首幼鱼”，但还看不出成鳗的形状。它们在欧洲沿岸渐渐成长为幼鳗，等春天来临时进入河流，然后在淡水的水域中，继续成长为成鳗。这就是欧洲鳗的生活史。

中国鳗的产卵场在哪里？对此，人们至今未搞清楚。有人推想它与欧洲鳗有同样习性，可能会在台湾或琉球的东方海域繁殖。也有人猜测中国鳗鲡的产卵场也在大西洋。曾有人在澳大利亚附近的深海捞到过中国鳗的仔鳗。

鳗鲡饲养业已经成为我国水产品出口主要创汇项目之一，达数亿美元，主要出口到日本。而现在我国所用的鳗苗主要依赖河口捕捞。由于过量捕捞，加上水域污染日益严重，致使鳗苗资源严重不足，制约了鳗鲡的生产发展。所以，鳗鲡人工孵化幼体研究成了世界热门课题。最近有信息表明，我国人工孵化幼体鳗成活期已达22天。看来成功希望在即。

（夏　欣）

知识链接

鳗鲡功用

肉质细嫩，味美，尤含有丰富的脂肪，肉和肝的维生素A的含量特别高，具有相当高的营养价值。每百克可食部分含蛋白质19.0克，脂肪7.8克，热量146千卡，钙46毫克，磷70毫克，铁0.7毫克，硫胺素0.06毫克，核黄素0.12毫克，尼克酸2.4毫克。江苏、浙江一带列为上等鱼品；福建、广东、四川则视为高级滋补品，称之为“水中人参”。在江、浙、闽、广四省产量颇高，天然淡水水体中，最大个体可长至重1千克。

娃娃鱼——大鲵

最早的两栖类化石出现在泥盆纪晚期的地层里，距今已有 3～4 亿年。现今生存下来的两栖类大都是一些体形较小的动物，共有蚓螈目（无足目）、有尾目、无尾目三个类群，约 3 000 种。其中大鲵属有尾目，也是两栖类动物中体形最大的一种，又名娃娃鱼，属隐鳃鲵科。在日本和北美也产另三种大鲵，但都不及我国的大鲵体大。

我国的大鲵身体最长可达 1.8～2 米，体重 50～60 千克，生活在偏僻、幽静、湍急而清澈的山间溪流、深潭中。盛夏的夜晚，在山溪边伴着汩汩的溪流声还能听到像婴儿啼哭一样的声音，那就是大鲵的叫声，“娃娃鱼”名字由此而来。《本草纲目》载：“鲵鱼在山溪中，似鲶，有四脚，长尾，能上树，声如孩子哭，故曰鲵鱼，一名人鱼。”

大鲵外貌不美，又宽又扁的大头，头上嵌着两颗绿豆似的小眼睛，没有眼睑，鼻孔很小，吻端圆，宽阔的大嘴长满密密的利齿，躯干粗壮，四肢肥短，全身皮肤光滑无鳞，皮肤腺能分泌出花椒味的白浆。你用双手去捉它，是怎样也逮不住的。大鲵的体色随环境变化而呈不同颜色，一般为黑色、棕褐色。头和躯体上布有疣粒，中国大鲵的疣粒由两个紧密成对排列的小疣组成。

大鲵白天常潜居于有回流水的洞穴内，洞口仅比大鲵稍大，洞内有回旋余地，平坦或有细沙，一个洞一般只居一条鲵鱼。如遇有情况，鲵鱼则迅速离洞游向深水处。到了夜幕降临后，它才出洞觅食。成年大鲵性情凶猛，是一种肉食性动物，食谱广泛，比它小的各种动物都吃，如鱼类、蚯蚓、蟾蜍、青蛙、虾、蟹、田螺及各种水生昆虫。有时也上岸捕食鼠，也会伏在树上捕鸟。它的捕食方法也与众不同，主要是静静地隐蔽在滩口乱石之中，一旦猎物自己送上门，大鲵就张开大嘴轻而取之。好在它的食欲并不旺盛，一天吃上 0.5 千克，就可以几天不吃。有人做过试验，一条大鲵 3 年不给喂食也不会饿死；在清水中养上 100 天，不投放任何食物，体重也没有减轻。同样，它的生长速度也慢，这是因为大鲵的新陈代谢缓慢，能量消耗极少，所以它的寿命也很长，可活 130 多岁。大鲵喜欢吃一种名叫石蟹的小动物，石蟹多隐匿于溪水石缝之中，深居简出，但它一旦钳住东西，便死也不肯放。大鲵利用它这个特点，使用“垂钓”这一绝招，引蟹上钩。大鲵将自己分泌着腥味的尾尖悄悄地伸进石缝，送到石蟹眼前，石蟹便举起双螯紧紧钳住不放。此时，大鲵便出其不意地抽回尾巴，回过身来，猛扑石蟹，美餐一顿。

每年5至8月间，雄鲵寻找雌鲵成亲，成为配偶的雌鲵则进入雄鲵准备好的洞房内产卵，每次产卵300～1 500粒。卵圆形，黄褐色，卵产完后，雌鲵还会分泌一种胶状物质，把卵保护起来，形成念珠链状。雌鲵的生殖任务完成后，即离开产场而去，由雄鲵负担起警卫任务。它把身体弯成半圆护着卵，遇有敌害，则大张其嘴以示威胁。根据水温，卵的孵化期为15～40天。幼鲵孵出后，即四散独立生活。雄鲵完成任务后，也开始自由活动。

▲ 大鲵

大鲵肉质白色，细嫩鲜美，蛋白质高，营养丰富，且有较高的药用价值，对贫血、神经衰弱、肝胃气痛、血虚脾弱、脸色萎黄、霍乱、痁疾、关节炎等症均有一定疗效。目前，国内外市场对大鲵的需求量越来越大，而自然资源日益减少，国家把野生大鲵列为二级保护动物。人工养殖大鲵是一条积极保护大鲵资源，创汇致富的途径。70年代初，我国一些科研单位已着手进行大鲵人工养殖的研究，到70年代末，湖南、湖北、陕西等省已孵化出幼鲵供应养殖。至90年代中期，人们进一步采用人工授精办法，获得鲵卵，人工孵化饲养取得成功。

（沈　钧）

能唱善跳会飞的蛙类

现存的两栖动物中，蛙类为其中的佼佼者。种类最多，无尾目共有 2 600 种，广泛分布于世界各地，我国约产 240 种，其中虎纹蛙为国家二级保护动物。虎纹蛙又名水鸡，体大粗壮，雌比雄大。雌蛙体长约 12 厘米，重可达 250 克，是生活在稻田中个体最大的一种蛙。它背部黄绿色，有不规则的深色斑纹，四肢有横纹，看上去像虎身上的斑纹，故而得名。

蛙能唱，雄蛙的嘴下或两边有弹性皮囊，当声带振动时，蛙在皮囊里鼓气，把音量扩大。所以，小小的蛙能发出响亮的鸣叫声。一般蛙的叫法有扩张喉部鸣囊的方法和使下巴膨胀两种方法，只有山蛤无须扩张任何部位也能鸣叫。

有一种迎宾蛙，声囊鼓起可以超过身体一倍，当数百只蛙聚在一片水泽地时，此起彼伏的大合唱，声传几千米远。蛙类中叫得最响的是牛蛙，群蛙高亢的歌声可以传到 3 千米之外。波多黎各岛热带雨林中，有一种名叫科奇的棕色树蛙，大小如火柴盒，重仅 9 克，鸣声音量达 108 分贝。各种蛙的鸣声各不相同，发出的求婚曲则都优美动听，“咯咯咯”似欢笑，“的的的”似蟋蟀振翅，“洪洪洪”似牛叫。树蛙蹲在树上似鸟鸣，峨眉山弹琴蛙会唱“135”。美国动物学家曼弗雷教授经过多次实验观察到，雌蛙对于雄蛙的叫声有着敏锐的鉴别力，身强力壮的雄蛙总能占领一片湿地，唱出动听的歌声吸引雌蛙。

世界上最大的蛙是非洲喀麦隆巨蛙，体长有 30 多厘米；其次是牛蛙，体长 20 多厘米；最小的是古巴倭蛙，体长不到 1 厘米，可以放在小手指的指甲上。蛙都栖息在近水处，有的生活在山涧和溪流旁。在我国峨眉山海拔 300 米的溪流中，产有一种髭蟾，它的长相奇异，前肢比后肢长，超过体长的一半；同一只眼球有两种颜色，上半部蓝色，下半部深棕色，上下色彩对比分明。白天，瞳孔缩成一条纵缝，夜间成圆形。上唇还布满角质刺，就像长着胡子，故名髭蟾。

中国林蛙又称蛤士蟆，是著名的药用蛙。它的背部为土灰色，散有黄色和红色斑点，鼓膜处有一深色三角斑，雄蛙在咽喉侧下有一对内声囊。林蛙生活于我国北方山坡树丛中。它们的干燥体和雌蛙输卵管的干制品可制作“蛤士蟆油”，能治虚劳咳嗽等。

角蛙在上眼睑附近长着如角状突起的肉块，看起来粗暴，皮肤的颜色也很丑陋，事实上也确实很凶狠。它不管什么东西，只要咬住了，就不肯轻放。不仅捕食昆虫、小鸟，也捕食其他蛙类，还会自相残杀。

大多数的蛙四肢发达，后肢特别长，善于跳跃，它们垂直和水平弹跳的距离分别是身长的10倍和24倍。蛙在水中游得快，姿态优美，人类拜蛙为师，创造了能长距离游泳的“蛙泳”法。蛙类中还不乏短跑冠军，一种名叫白星海芋的蛙，奔跑的速度和鼠类一般快。

▼ 蛙鸣叫时鼓起皮囊

雨蛙有着非凡的跳跃能力。多半栖息在树上，约有500多种。之所以称它为雨蛙，是因为每当降雨之前，它们

会发出尖锐的叫声。这并不是繁殖期的求偶鸣叫，而是当气压降低时发出的叫声。

在东南亚，印度和我国的热带雨林的热带森林中，生活着一类与众不同的树蛙，因能在林间滑翔，人们习惯于称之为飞蛙。飞蛙的长相与我们平时见到的蛙、蟾蜍不一样，它们四肢的指、趾大而长，末端膨大成为吸盘，通过薄薄的透明吸盘皮肤，我们可以看到指、趾末端两个骨节之间，有“Y”形的软骨。飞蛙用指、趾上很大的吸盘吸附在树干、树枝上轻巧地攀爬，不会掉落到地面上。

飞蛙的指、趾之间具有很发达的蹼膜，当指、趾伸展时，蹼膜就张开，面积约有 30 平方厘米，可以从一棵树到另一棵树之间滑翔飞行 15 ～ 20 米，也能从平地一跃飞到 1.5 ～ 2 米高的树上，或者从树上像人在飞机上用降落伞那样安全地降落到地面上。飞蛙在滑翔飞行时，它的后趾除了协助前肢拍击空气进行飞行以外，还起到舵的作用，只要把后肢动一下，它就可以随意飞向另一个方向。根据研究，飞蛙在滑翔飞行之前，先用肺吸足空气，使自身体积增大，以便获得更大的浮力，这样滑翔飞行起来就轻便得多了。飞蛙昼伏夜出，生活习性与猫头鹰相似。

春、夏季节是飞蛙的繁殖期，此时，雄性高声鸣叫，以招引雌蛙。它们的繁殖方式十分特殊，不是将卵产在水域里，而是由雌蛙从嘴里吐出许多黏液，并用一对后肢将黏液搅成泡沫状的卵泡，然后将卵产在卵泡里，卵泡黏附在水边树木的叶子上。不久卵泡外壳在空气中变硬，而里面却含有水分和空气，供卵在其中孵化。经过一段时间，小蝌蚪孵化出后就落入水中，在水中经过变态，发育为蛙后，再从水中登陆去树上栖息生活。

我国已知的飞蛙有35种，分布在长江以南及西南各省，台湾及喜马拉雅山南坡也有，一般体色鲜艳美丽。常见的有大飞蛙，体长约10厘米；斑腿飞蛙，体长约6厘米，背部有4条纵纹，体色能随环境变化而变化。飞蛙虽然生活在树上，但也常到地面上活动，捕食昆虫，蜘蛛及蚯蚓等。

（华惠伦　沈　钧）

三只眼的楔齿蜥

说起楔齿蜥，人们或许会感到陌生。其实，它与无翼鸟一样是新西兰一种大名鼎鼎的珍贵奇异动物。它的嘴形象鸟喙，所以有人叫它喙头蜥。它的体形似蜥蜴，而尾巴侧扁像鳄尾，因而又名鳄蜥。由于它仅产于新西兰，还有“新西兰蜥蜴”一名。

楔齿蜥个儿不大，通常体长 50～60 厘米之间，雄性大的可达 75 厘米，重约 900 克。体表呈淡黄绿色或黑色，有颗粒状小鳞，背部和腹侧具薄板状大鳞，背中线上有棘状鳞列，腹面皮下有腹肋，没有鼓室、鼓膜和交接器。

楔齿蜥虽然形似蜥蜴，但与蜥蜴却截然不同。在分类上，前者属于喙头目（或称喙头蜥目），后者则是蜥蜴目的成员。喙头目是一个古老、原始的类群，现在生存

▲ 楔齿蜥

的只有楔齿蜥一种，其他种类早已灭绝。在现今的生物界中，严格来说，楔齿蜥与任何动物都不像，而同生活在2亿多年前喙头目亲属的化石相似，它们不但外部形状相似，连内部结构也没有什么两样。据记载，在100多年前，欧洲人来到新西兰时，才发现楔齿蜥这种幸存者。它常被视为活化石，在学术上有重要的研究价值。

原始脊椎动物有第三只眼睛——颅顶眼。它们长在颅顶顶部的两只眼睛之间，所以又叫顶眼或中眼。古代的某些鱼类、两栖动物和爬行动物都有颅顶眼，而且显得非常发达，可能具有视觉作用。而在现生脊椎动物中，只有圆口类（如七鳃鳗）和楔齿蜥仍保留着颅顶眼，不过它的视觉功能已经退化，看东西主要依靠另外两只眼睛。有的科学家认为，楔齿蜥的颅顶眼可能是用来作为性的温度调节。

楔齿蜥的牙齿长得很特别，与一般爬行动物不同，不是长在齿槽内，而是像鱼类的牙齿一样，同腭骨合在一起。它前肢粗短，后肢较长，活动缓慢。它的这条长尾巴与壁虎一样，也有断尾再生的能力。

在赫顿和德拉蒙德的《新西兰动物》一书中说，楔齿蜥有“爱听音乐”的习性，人唱一首歌就能够将它引出洞穴。由于楔齿蜥的名声很响，许多访问者或旅游客都想到养殖场去一睹其风采。一次，不少游客参观养殖场时，想看看楔齿蜥，可是它们躲在洞穴里就是不肯出来露面，直到一位姑娘哼起《女王的士兵》歌，其他游人一起跟着唱时，楔齿蜥才抛头露面，出来见客了。

▲ 楔齿蜥

楔齿蜥虽然喜欢生活在洞穴里，但是自己却较少挖掘洞穴，常常爱和一些海鸟同居。这是为什么呢？据动物学家实地观察，这并不是因为楔齿蜥的惰性或爱热闹，而是一种共生互利关系。因为海鸟在洞穴中排出大量粪便，滋生出许多昆虫，这就为楔齿蜥提供了食物，而楔齿蜥消灭了昆虫，可以使鸟蛋免遭昆虫侵蚀，得以安全孵化。而且，在生活中，它们互不干扰：海鸟通常白天外出捕食鱼儿，而楔齿蜥则在夜间出去，在陆地上或水中捕食昆虫、蠕虫、蜗牛等。

楔齿蜥是一种卵生动物，雌性每年产蛋 8 ～ 15 枚，个儿与鸽蛋差不多，孵化期较长，需要 10 个月左右。幼蜥出壳后的成长十分缓慢，一般需要 10 年左右才能成熟，所以寿命也很长，能活上 100 岁，甚至更长些。至于这种动物的长寿原因，科学家认为是因为它的体温很低，新陈代谢缓慢，即使在食物缺乏时也能维持生命。

楔齿蜥隐居海岛，偏处一隅，海岸陡峭，人们不易进入。加上岛上食物丰富，也没有食肉性的猛兽，所以曾经数量很多，遍布新西兰各岛。可是，后来人们移居到那里，不仅干扰了楔齿蜥的生活，而且进行大量捕捉和杀害，不是活物出售，便是剥皮制革，致使楔齿蜥数量大减。据调查，在几个人迹罕见的小岛上残存的楔齿蜥已不到1万只，属于濒危动物，新西兰政府已颁布法令严加保护。

（华惠伦）

变色龙传奇

变色龙除了体色会变化之外，眼球凸出，并能像B-17装甲车的车塔那样独立旋转，有的头上还长角。面目虽然可憎却又滑稽，舌头伸出可达体长的1.5～2.0倍，尾巴能卷曲呈螺旋形，在地上行走既迟缓又笨拙，活像小丑在模仿醉鬼摇摇欲坠地走路。

更值得注意的是，生物学家们还发现马达加斯加岛上的变色龙变化异常，它们沿着不同的进化路线发展。奥氏变色龙与帕氏变色龙体长都超过60厘米，其黏性舌头不仅能捕食昆虫，还足以杀死距离60厘米远的小鼠。潘氏变色龙的快速变色能力，会使人们误认为自己目睹了两种动物。过去人们只知道变色龙都是卵生的，可是杰氏变色龙却已经进化为“胎生”，一条母变色龙分娩了38条小变色龙。宝石变色龙色彩艳丽，犹如大画师杰克

▲ 变色龙

迹·波洛克的油画。有的变色龙长相实在令人生畏，它们除了身披盔甲和两眼球能独立旋转之外，头顶上还长出角来。

说起变色龙的眼睛和舌头，生物学家们总是啧啧赞绝。从光学角度看，变色龙的眼睛简直是一个奇迹！它的眼睛大而突出在眼眶之外，眼睑上下结合为环状，中央有孔，光线可以从孔而入。两只眼球会旋转 180 度，可以四处张望，而且各自独立运动，互不牵制，左眼向前看时，右眼可以向后或向上看。当变色龙发现自己爱吃的食物时，两眼就会聚集到食物上，虽然这给人以斗鸡眼的憨态感，但实际上扩大了视野，有利于寻找昆虫那样的小猎物。

变色龙的舌头，从其与身体的比例来说，可称得上是世界上最长的舌头了。通常，变色龙的舌头可以伸至体长 1.5 倍的距离之外，最长的可达 2 倍；而且舌头伸展极快，从开始伸展到全部伸出只需要十六分之一秒。变色龙可以用那双具“特异功能”的眼睛准确瞄准，加上这伸展神速的舌头，在刹那间就能逮住一只飞虫或其他猎物。

变色龙的舌头由弹性纤维组成，外形很像一根棒头，基部狭窄，末端稍稍膨大，有的种类舌头还分叉，上面有黏性分泌物。平时，它们的舌头缩入口腔内的舌鞘中，捕食时舌内血管快速充血，舌肌收缩，使舌头快速地直射出来，粘住猎物，真可谓“百发百中”。不过，变色龙也会碰上一些难以对付的猎物，比如体表湿润的小虫或鼻涕虫之类，这时它的舌头就失灵了。

变色龙过着孤独寂寞的生活，尤其是雌性变色龙终日守卫自己的领地，唯恐他人侵占，而且任何入侵者都会受到抵抗和反攻。变色龙之间发生领土之争时，大多数变色龙仅是怒目相视佯装进攻，企图吓退对方，并非真刀真枪的实战，所以有人叫这种争夺为“虚战”。实战是双方张开嘴巴，发出“嘶嘶”的嘘声，并来回摆动和上下跳跃，进行“真刀真枪”的拼击。少数体型较大的种类在你死我活的实战中，轻者受伤，重者一命呜呼。

变色龙个儿不大，最大者的体长不过 80 厘米多一点。一旦遭到敌害来犯，它们如果单靠体力硬拼是没有生路的，只能采用巧妙的御敌绝招，才可保住生命。据美国研究变色龙的专家谢里尔·德威特等所知，变色龙有以下“秘密武器”：

第一是“金蝉脱壳”。一次人们在树林中行走时被突然从树上掉下的怪东西吓一跳。定睛一看，原来是一条紧绕着一段树枝的变色龙。这是怎么回事？人们再向上看，就明白了：原来树上有一条大蛇。变色龙碰上敌害后会身子一蹬来个“金蝉脱壳”之计，折断树枝落地。

第二是“摆空城计”。变色龙在地面上爬行时，迈着八字形步态，活像小丑学醉鬼，显得十分笨拙可笑。此刻如果碰上猛兽，人们猜想它们既逃不快又无力招架，必然成为猛兽的腹中之物。其实不然，有人目击一条变色龙遇上一群凶猛的野狗时，它会立即吸气，膨胀全身，同时发出“嘶嘶”的声音，吓得群狗不敢接近，然后乘机溜之大吉。

此外还有“偷偷潜逃”、“怪样吓敌”等手段。

按传统的说法，变色龙的变色是为了适应环境色调，保护自己免受敌害捕杀。其实不然，据美国生物学家研究，大多数变色龙的变色是为了使自己格外引人注目，它是根据光线强弱、健康状况、温度和性情来改变肤色的，而不是为了与环境取得一致。强光的照射，变色龙的求爱与领地防卫行为能激起它们最明显的戏剧性肤色变化。当杰氏变色龙发怒时，它们在1分钟内从正常的淡绿色转变为斑驳的炭黑色；而当它们在横贯空间的绳子上紧张移动时，会呈现出金刚钻似的花纹。还有一条雄性变色龙，为了求得“女朋友”的欢心，嘴唇会变成黄色；另外一条变色龙则会全身变黑，但当有人把它放在手中时，它却即刻恢复了淡绿色。

（华惠伦）

最大的壁虎——蛤蚧

蛤蚧又名“大壁虎”，属蜥蜴目，壁虎科。分布在我国的福建、广东、广西、云南、台湾等地。国外见于印度、越南、印度尼西亚等地。体长30厘米左右，体重为100～200克。头呈三角形，吻突而圆，眼大，口大，牙齿细小锋利。脚趾膨大，底部有皱褶，能吸附于峭壁之上。尾长易断，跳动的尾巴能吸引天敌的注意力，自身乘机逃走，尾断后还会重新再生，但再生的尾较短，不像原来的尾那样细长，并且内部无再生的尾椎骨。蛤蚧的体色能随外界光线和温度的变化而变色，一般在阳光下呈灰色，在黑暗中变成黑褐色。

蛤蚧多栖息在地势高燥处，喜栖息于岩石裸露、植物稀少的石山上，多在岩石的缝隙与洞穴中生活，也见于高大树干的缝、洞之中，或生活在山岩附近村落居民

▲ 大壁虎

的住宅中，栖息在刚好容身的缝隙里，用背腹贴住缝隙。每年 3 ～ 9 月是蛤蚧活跃期，白天和清晨常在岩石或墙壁上晒太阳，黄昏和夜间最活跃，常发出“咯—嘎”的叫声，蛤蚧因此而得名。蛤蚧的叫声依年龄大小而不同，一般年长者连续鸣叫 10 余次歇一歇，然后再鸣，而幼小者则 7 ～ 8 次歇一歇。总的来说，蛤蚧属夜行性动物。

蛤蚧以昆虫为主食，并且只吃活虫，死虫和有特殊气味的虫不吃。常食的昆虫有蝼蛄、蚱蜢、蚊、金龟子、蜘蛛、蟑螂、蜗牛等，一条蛤蚧一次可食蟑螂 5 只，饱食后 2 ～ 3 天内不觅食。蛤蚧有冬眠习性。每年立秋后，气温降到 15 ℃以下即停止鸣叫，潜入很深的岩石缝隙中，不食不动进行冬眠，而且多数成对在一起。到翌年惊蛰后，气温升到 18 ℃以上时，再外出活动。

人们经过长期的观察，掌握了蛤蚧的生活习性，摸索出一套捕捉的方法。每年 5 ～ 9 月间，是捕捉蛤蚧的最好时机。在晚间，捕捉者可以根据蛤蚧的鸣声，悄悄接近，然后用较强的灯光突然照射。一见强光，机灵活泼的蛤蚧顿时动弹不得，呆头呆脑地成了俘虏。

野生的蛤蚧越来越少，现在，国家已把它列为二级保护动物。所需蛤蚧主要靠人工饲养繁殖来获得。人工养殖蛤蚧的方法可分为箱养、房养和散养。蛤蚧两年左右性成熟。雄性体大而粗壮，头大，颈和尾细；雌性则相反。用手触摸，雄性皮肤粗糙，较硬；雌性柔嫩。雄性后肢部腹面有一列鳞片，雌性则无。雄性尾基部腹面有交接器。交配时，半阴茎由开孔处伸出。检查时，用指向泄殖腔方向挤压，可使半阴茎翻出。

▲ 大壁虎

蛤蚧在气温降至 15 ℃以下时，进入冬眠状态，伏于砖缝、地洞中不食不动。一般在 4 月初恢复活动、采食，5 月初进行第一次交配产卵。交配在夜间进行，雄性爬在雌性背上，几秒钟完成。雌蛤蚧年产卵 3 ～ 4 次，每次产卵 2 ～ 4 枚，年产 10 ～ 16 枚。蛤蚧卵刚产出时为软壳，并且相互粘连在一起。软壳卵在空气中暴露半小时左右才会变硬，成为硬壳卵。在软壳卵硬化以前，雌蛤蚧始终守护着，任何生物接近，都会遭到攻击。蛤蚧咬住异物时，往往长时间不松口。待卵壳变硬以后，蛤蚧便不再理会了。人工饲养的蛤蚧，当饲料不足时，有吃卵现象。

蛤蚧的卵不是由雌蛤蚧负责孵化，而是依靠 30 ℃以上的气温自然孵化。孵化期约 50 ～ 60 天。秋末气温降低，达不到孵化温度，这段时间所产的卵要到第二年气温上升时才能孵化出来。小蛤蚧孵化出来时，体长 7 ～ 8 毫米，3 ～ 5 天后，即可自行寻找食物，生长期约 1 年。

雄蛤蚧有残食蛤蚧卵及小蛤蚧的习性，在人工饲养条件下，为防止雄蛤蚧残食蛤蚧卵，应在蛤蚧卵变硬以后，用纱布罩保护起来，或小心地收藏起来。收藏的蛤蚧卵可用人工孵化，也可在气温适宜时自然孵化。母蛤蚧在产卵期间营养物质消耗量大，应多喂适口性好的昆虫，并应补充贝壳粉、食盐等矿物质添加剂，防止产出的卵不硬化。

蛤蚧繁殖期间适合的雌雄比例为 10 ～ 15∶1。雄蛤蚧可因争夺雌蛤蚧而相互殊死斗殴，致伤断尾，降低药用价值。故在留足种用雄蛤蚧后，剩余的应及时加工处理，制成成品。

（沈　钧）

长寿的鼋

鼋为鳖科动物中最大的种属，背甲长可达 130 厘米左右。成体背甲平而且圆。鼋的外形与鳖相似，特别是小鼋，故有“鳖大成鼋”之说。其实鼋和鳖是完全不同的两种动物，长大后除体型悬殊外，鼋的吻部很短，而鳖尖长。它们的腹甲也不同，鼋呈三角形，中间直接连接，而鳖的腹甲宽大，中间以齿形连接。

鼋生存至今已有一亿七千五百万年历史。唐宋年间，它们在我国是很多的。唐《宣宝志》曾记载宣州江中的鼋上岸与虎搏斗的情景：“鼋啮虎二创，虎怒拔鼋头，而虎创甚亦死。”悲壮惨烈，足见鼋之风采。还有记载说，曾有人在一只 180 千克重的鼋背上，压上一条 150 千克重的石条，石条上再站立 6 个壮汉，但鼋照样驮着行走，可见鼋的神力。所以，历史上鼋也是一种神力的象征。

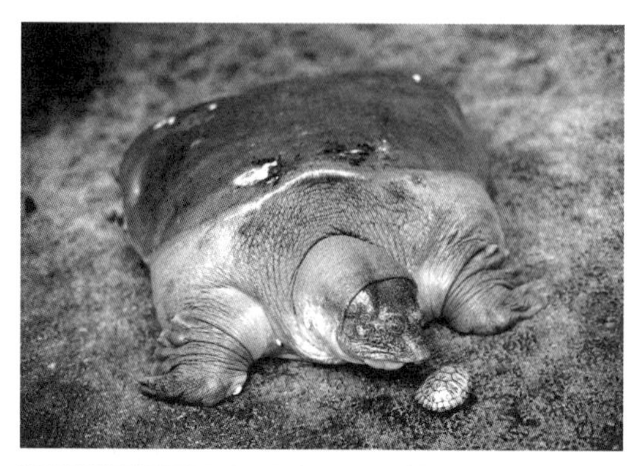

▲ 鼋

各地庙中的石碑或帝王沉重的墓碑，一律由石雕的鼋驮着。那些石鼋身负千钧，照样昂首自若。

鼋喜栖于水流缓慢的深水江河、水库中。白天隐于水中，偶尔浮出水面呼吸。晚间在浅滩处觅食。冬眠期从每年 11 月至次年 4 月，长达半年之久。5 ～ 9 月为繁殖期，卵分数次产出，一般每次产卵十几至数十枚，最多可达 100 余枚。卵圆形，直径约 40 毫米，壳白色，在穴中依靠自然温度孵化。孵化期约在 50 ～ 60 天左右，稚鼋破壳后，径直奔向江河之中，开始生长。鼋生长较快，一尾 250 克的幼鼋，经一年生长，体重可达 1 750 克。通常体重为 15 千克时，已达性成熟。

鼋的头部有疣状突起，所以俗称“癞头鼋”。在古代，鼋是一种名贵的药材和食品，到了现代，鼋的数量稀少。现在，只有在镇江以东的长江支流，福建闽江一带及海南岛偶见有鼋出没。国家把它列为一级保护动物。鼋喜栖息于水深流缓的湖河中，伏在水底。它最大的本领是不但能用肺呼吸，而且能用皮肤，甚至用肠子呼吸。

动物学家还证明，它能在水中通过咽喉吸取足够的氧气生存很长时间。

鼋食肉性，捕食鱼、虾、螺、蚬等动物。一尾25千克的鼋，胃容量可达0.5千克。捕食时常伏于浅滩边，头缩入壳内，仅露出喙和眼，待鱼虾游近时，突然伸头咬住，并囫囵吞下。

上海动物园在1972年从云南省个旧市公园引进斑鼋1只，当时斑鼋体重为71千克，饲养于公园的河马馆室内产房中。由于经长途运输和气候环境的变化，鼋一度拒食数周，并整天在水池中到处爬行，显得很不安宁。经饲养人员反复驯化后，开始吃食。当时，投喂的是河鱼、带鱼，每周两次，每次1 000克，现在它不肯吃鱼，只爱吃牛肉，每餐可吃2 000～3 000克。其实，鼋是杂食性动物，也能吃米饭、糕点等食物。据介绍，苏州西园中的鼋还会自己捕食水禽，它先咬住水禽的脚，然后潜入水中把水禽淹死，再用它强有力的角质喙把水禽咬碎后吞食。每年10月下旬，当气温降低至15 ℃以下时，鼋停止采食，逐步进入冬眠期。在上海地区，冬季极低气温可达－3 ℃～－5 ℃，如果没有良好的保暖设备，鼋的安全越冬即成一个大难题。为了让鼋能在本地安全越冬，动物园研究出一套越冬方法，如：加深鼋池，放养水深达1～1.2米，饲养用水改用深井水（冬季可达12～15 ℃），封闭门、窗，加装保暖帘，每天定时开门通风1小时，保持室内空气新鲜，这样，鼋的越冬问题得到了解决。但由于长期在室内饲养，终日不见阳光，鼋患上严重的霉菌病，导致甲背大面积溃烂。最后决定准备将鼋搬迁到新建的狒狒山之中的隔离水池里饲养。这里鼋既能享受夏季的阳光，满足“晒背”的需要，又能确保鼋安全越冬。

搬运巨鼋真是一件不容易的事，因为此时鼋的体重已高达140千克，水深了没法捕捞，水浅了又怕巨鼋四处乱爬磨破四肢，得把水池里的水抽到50厘米深左右，先在水中“埋伏”好建筑工地上用的安全网，再把巨鼋往网里赶，由10个小伙子用力拽住网边。巨鼋进网后，饲养员连忙将麻袋套住鼋的头，因为巨鼋看见阳光是要挣扎的。在往车上搬运时，要有6个壮汉用杠棒抬才能搬动巨鼋。

现在这头鼋在上海动物园已饲养了几十年，年龄已在百岁以上。

（吴维春）

海岛上的巨龟

世界上最大的龟要算生活在海洋里的棱皮龟了，最大的背甲长达 2.5 米以上，体重达 800 千克。陆地上最大的龟是象龟，背甲长达 1.5 米，爬行时身体高度最高可达 0.8 米，重 200 ～ 300 千克，最重可达 500 千克。

象龟是素食者，杂草、野果、仙人掌都是它的食料，甚至一些多刺的植物，它都喜欢吃。群岛上有一种生长着蟹苹果状果实的树，它的树汁能灼伤人的皮肤，人吃了这种果实还会丧命，而象龟吃了却安然无恙。加拉帕戈斯群岛人烟稀少，植物生长茂盛，几乎遍地都是象龟的食料，所以它们终年不愁吃。再说，象龟的颈和腿都长得很长，即使长得较高的植物也能吃到，所以群岛上这种龟的数量很多，生活过得非常安逸。

象龟生性懒惰，一天中大约要睡 16 个小时。一般早上 7 ～ 8 点钟起来，先在日光下洗一个小时的泥水澡，使浑身暖和起来，然后漫步爬行，任意找些食物吃，吃后又会打起盹来。科学家就常常利用象龟睡觉或打盹时，测量它们的身体大小。说也奇怪，象龟就是“沉睡不醒”，任你摆布。

科学家在考察中发现，象龟与小鸟关系十分亲密。一个早晨，一只象龟在石块上慢慢爬行。突然，一群小鸟从附近树丛中飞出来，几只小鸟飞到象龟的背上跳来跳去，吱吱地鸣叫。象龟眼见“小客人”到来，立刻停止爬行，伸长脖子，朝着它们看望，表示“欢迎”。然后，头颈越伸越高，4 条粗大的腿伸展开来站着，一动也不动，让小鸟跳到它的头部、脖子、前脚、后脚，仔细检查皮肤的皱褶中有没有寄生虫。小鸟眼明嘴快，从象龟的眼角里啄出虫子，它也不眨眼；从鼻子中啄出虫子，它也不打喷嚏。这个象龟“病人”和小鸟“医生”配合得很好。大约过了 5 分钟，小鸟啄完虫子，象龟还是一动也不动，直到小鸟飞走，它才缩头爬行。

▼ 象龟

象龟与小鸟的共生关系，对双方都有好处，象龟常在下层丛林里爬行活动，身上难免会有许多寄生虫，小鸟从它身上啄小虫，获得了美餐，象龟也感到浑身舒服了。

雌性象龟每年1～8月交配。雄象龟用它的灵敏嗅觉寻找配偶，一旦发现对象，常常发出嘶嘎的叫声，并用甲壳的前端威胁，强行配婚，还用嘴咬住雌象龟露出的脚，直到它把脚缩回去。

▲ 象龟

一般在6～12月之间，由雌象龟在泥土或沙滩上挖洞筑窝。母象龟的力气很大，当它找到适宜窝地后，前脚支撑一半体重不动，用强有力的后脚挖土，挖掘到一定形状时，还会用后脚测量一下大小，看看是否够用。挖土时，它常常将尿撒到土中，使土软化，以做成牢固而光滑的窝壁。大约5小时后，母象龟挖掘成窝，呼吸显著加快，显得十分吃力的样子。稍休息一下，它的身体对准窝的中心，摇动后身，甩着尾巴，产下几个比乒乓球大些的白色蛋。蛋的外表有一层厚厚的胶状液体，在蛋沿着尾巴下滑时起到缓冲作用，不会摔破。在15分钟内，母象龟共产下9个蛋。当产下最后一个蛋的时候，它就缓缓地将后脚伸到窝里，那笨重的脚一接触蛋时，就十分轻巧而仔细地把全部的蛋铺平，再用后脚盖上大约15厘米厚的泥土，让其自然孵化。这层泥土可以使蛋中的胚胎不会被太阳光灼伤，又可以防止蛋内的水分蒸发，否则蛋会脱水萎缩，变成废蛋而孵不出雏龟。象龟的记忆力很好，每年都到同一个地方，选择有阳光的干燥低洼地筑窝产蛋，因为那里能使蛋获得一定的温度，易于孵化。

象龟性情温和，不仅不会伤害人，人还可以坐在它的背甲上，它会驮着人爬行。在塞舌耳群岛上，人们熟练地用象龟来驮运从大海里捕捞上来的各种海鲜。而每次在欢度或庆贺各种节日时，当地人就会招来这些善解人意的庞然大物，让它们在海滩上集合，使之成为蔚为壮观的大龟群，然后在这些象龟的背甲上铺置一块块大木板，搭成当地民间剧团的演出舞台。

龟是大家公认的长寿动物，而象龟又是龟类中的长寿者。早在1835年，达尔文曾到过加拉帕戈斯群岛，经过考察以后，他把象龟称为长寿动物。据报道，如果没有意外事故，象龟至少能活150年以上，寿命最长的可达300岁！

（华惠伦）

遨游大洋的海龟

海龟是海龟亚目的总称。我国现存海龟有5种：棱皮龟、蠵龟、海龟、玳瑁和太平洋丽龟。

蠵龟体型与海龟相似，体长可达1米多，重100千克。它的上颌有钩曲，背面平滑隆起，肋甲板有5对以上，是海龟中性情较暴躁的一种。

海龟自破壳而出的那天起，就奔向大海，开始漫长的海洋生涯。它的一生基本上是在海洋中度过的，除了雌海龟需上岸产卵，雄海龟极少上岸休息。为了适应长期的海中生活，海龟的呼吸也很特殊。它可以用露出水面的鼻孔呼吸，但由于龟壳的缘故，海龟的胸膛不能扩张，只能利用移动体内器官的方式来呼吸。当一部分肌肉收缩时，把胃肠道向后压缩，空气就冲入肺内；肌肉放松时，就把空气压着呼出去。有时，海龟一连几小时或几天潜伏在水中，不露出水面呼吸。人们通过研究发现，海龟还能从通过咽喉部的海水中吸取足够的氧气，故能在水中潜伏很长时间。

为了适应海洋生活，海龟还有发达的盐腺。盐腺开口在眼睛旁边，经常通过“流泪”的方式，不断地把血液内多余的盐分排出体外。海龟的背壳里面充满空隙。它的脊椎骨与壳合而为一，肋骨好似栏杆一样变成扁平，既能承受重压，又能在水中灵活自如。别看它在陆地上行走笨拙，动作迟缓，但在水中是现代爬行动物中行动最快的一种，能以每小时32千米的速度行进。

海龟在漫长的海洋旅途中不断成长，当发育成熟之后，就不远万里，洄游到故乡进行繁殖。在茫茫的大海之中，海龟能准确无误地及时回到原产地。科学家认为，海龟的体内有着某种能利用地球重力场辨别方向的“导航系统”，同时能参照海流和不同时期的水温来校正航向。也有科学家认为，海龟的视觉发达，能像人一样分辨颜色，可以借助日、月、星辰来确定航向。科学家们对海龟万里旅游不迷失方向的本领怀有极大的兴趣，目前还在海龟身上套上环志、带上无线电发报机等，以进行各种实验，希望有朝一日揭开这个谜。

▼ 玳瑁

海龟6岁左右性成熟，到了每年的6月间，雌雄海

龟不约而同地洄游到原产地，在海岸或小岛的水域圈中进行交配。海龟的求偶还带有竞争性，常常两三只雄龟追逐一只雌海龟。雄的顶撞、轻咬雌龟，有时追到雌龟前方又倒游回来，引起雌龟的注意和青睐。当雄龟爬上雌龟背上，就用前肢上两枚巨爪抓住雌龟背部前缘，并用尾尖有力地钩住雌龟背的后缘，雌龟驮着几百千克的雄龟毫不费力地在海水中游动，任凭海浪拍打，直到交配成功。雄龟离去后，雌龟则慢慢游向浅海。约在7月间，雌龟通常在深夜里，悄悄地、艰难地爬上岛屿或海岸上，在沙滩上用后肢挖掘出一个坑穴，然后把卵产在坑穴中。每穴产卵50～200枚不等。产卵结束后，雌龟再用尾和后肢把产有卵的坑穴用沙掩埋、填平，在天亮之前又回到海中去。在每次繁殖期间，一只成年的雌龟可产卵3～5窝。

龟卵靠太阳照射和地温自然孵化。经测量，孵化的沙地温度一般在28～32℃之间。经过70天左右，小海龟自行破壳而出，靠自己的毅力爬出沙坑去游历大洋。在这千辛万苦的游历中，天上有飞鸟袭击，海中有鱼儿吞噬，往往出壳100只小海龟，最后只有几只海龟能逃过劫难，在漫长的旅途中长大成熟，再返回产地繁殖后代。

遨游在大海中的海龟，人们较难捕捉到它们。美国生物学家发现，棱皮龟是世界上潜水最深的动物，潜水深度至少在水下1 200米，超过了原来认为潜水最深的抹香鲸。但海龟在岸上却非常笨拙，既跑不快又没有自卫能力，人们只要把它翻个身，它就无法自己翻回来，只能束手就擒。海龟肉质鲜美，且富有营养，卵更佳。在古代航行中，人们把海龟作为贮藏食品，称它为“活罐头”。因为海龟不易死亡，不用担心它的肉会变质，海龟的脂肪可以炼油。用龟板炼制的龟胶是高级补品，对肾亏、失眠、肺结核等病的治疗都有帮助。其掌、胃、胆、卵、油、血等均能入药。其中玳瑁的背甲不仅是名贵的中药，有清热、解毒等效用，经溶化加工后，还是最珍贵的工艺品呢。

但海龟的价值并不仅在于经济上的利用，它的仿生科学研究及驯化利用更为重要。人们发现，海龟耐力强，寿命长，它可以一年多不吃东西而不饿死；有的海龟在交配 5 年后，还能产下受精卵；有的海龟已经活了 300 多年，还能忍受 1 200 米深处的强大水压；在茫茫大海中不会迷途等等。这些独特的功能都亟待人类去研究，揭开其中奥秘，并根据其原理使人延寿益年，研究出新的导航仪器，解决深潜方法等。

人们还发现，海龟很聪明，经过专门驯化训练的海龟可以直接帮助潜水员把仪器送到深水区，将缆绳从船上拉到水下作业区、拖拉小船、营救遇险人员、在海洋中寻找鱼群等等。

（沈　钧）

绿毛龟的人工养殖

绿毛龟的产地在中国，早在古代的《本草纲目》中就已有记载。绿毛龟主要生长在我国湖北省和江苏省的一些湖泊中。绿毛龟的被甲和腹甲长满绿色的长毛，在水中游动时，绿茸茸一团，甚是可爱。绿毛龟是我国特有的珍稀水生观赏动物，享有“绿衣使者”、“活翡翠”的美誉，深受国内外人士的青睐和喜爱。

绿毛龟是淡水龟类与淡水藻类的互利共生体。天然野生绿毛龟种以黄喉水龟为主，乌龟、四眼斑龟、平胸龟、金头闭壳龟也有少量能共生藻体，附生在龟壳体上的淡水藻类是基枝藻属的丝状藻类，其中以龟背基枝藻为主。黄喉水龟有长期潜伏水中不动的习性，生长过程中不更换盾片，绿藻长上后不会掉脱，而且无体味，生性安静，抗病力强，是培育绿毛龟的理想品种。另外，

▲ 绿毛龟

用四眼斑水龟、鹦鹉龟培育绿毛龟也是可行的。七彩龟又叫巴西龟，能长时间生活在水中，龟背盾片上可以接种基枝藻而成为绿毛龟，但由于七彩龟生长快，其背甲的盾片随着龟的生长会不断脱落更新，而绿毛（基枝藻）是寄生在龟盾片上的，盾片一掉落，绿毛也随之掉下，正如古话说的：“皮之不存，毛将焉附?”因此，用七彩龟培育绿毛龟并不适宜。

绿毛龟素有“水中翡翠”之称，它与白玉龟、蛇形龟、双头龟并称为我国四大珍奇龟。集美食、药用、观赏于一体，深受国内消费者的青睐。绿毛龟肉鲜味美、营养丰富、富含脂肪、蛋白质、维生素 A、钙、铁等，是有名的美味佳肴。其药用价值也很高，有治疗肾阳不足、痔疮、咯血、尿血等功能。绿毛龟观赏价值也极高，在清水盆中上下游动时，绿毛轻漾，金丝浮漂，晶莹耀眼，宛如镶嵌在白玉中的翡翠，令人赏心悦目，叹为观止，因而荣登国家元首馈赠礼品宝座。日本、东南亚以及欧美各国把它看成是吉祥如意、延年益寿的象征。特别在日本，每当亲朋挚友庆寿及喜庆之日，总是送上一只绿毛龟，以示祝贺。

绿毛龟的人工养殖方法是模拟自然环境，在人工严格控制的条件下，使龟背基枝藻孢子顺利均匀地植生在龟背甲外部盾片上，长出绿毛，形成绿毛龟。人工培育绿毛龟是一项技术性极强的工作。培育绿毛龟的场地应宽敞、向阳、通风、水源方便、环境安静、空气无污染，以宽敞的庭院最为适宜。培育场上方应搭建遮阴棚。一般来讲，培育 100 只绿毛龟大约需要 10 平方米的场地。居室阳台、窗台等处也可作为培育绿毛龟的场地。

选好龟种。龟种是指准备接种培育绿毛用的龟。为了保证绿毛龟的质量，龟种必须经过严格选择。首先要求健康无病，其次要求龟种体形完整，龟甲无明显损伤。将选择好的龟种放入清水中，龟种应迅速地在短时间内沉入水中，否则就不宜作为培育绿毛龟的龟种。

培育绿毛龟的藻种一般都笼统地都称为基枝藻。但经长期研究发现，培育绿毛龟的最佳藻种应是龟背基枝藻。龟背基枝藻藻丝体长而柔韧，呈鲜绿色，适应在水质清澈、水流缓慢的山溪或山涧中生长，龟背基枝藻能耐低温环境（0 ℃的水温）或高温环境（水温不超过 35 ℃）。用龟背基枝藻接种，容易培育出美观漂亮的绿毛龟。

把基枝藻和龟互放于水容器中，通过阳光照射，一个月左右龟背上就开始冒绒。培养时，先把黄喉水龟背壳表皮用砂布擦粗糙，再用清水洗净，投入小缸或金鱼缸中，加入清水淹至龟背至少 3 厘米以上，水宜多不宜少。从江河或溪涧水中的石块上或从船体下采得基枝藻，用锤打烂后放入龟缸中，使水成为淡绿色。把藻放入龟缸后，每隔数天换一次水，以保持水质清洁。并加入少量氮、磷、钾化肥和维生素、细胞分裂素，促使基枝藻萌发、增殖，提高寄生密度。每隔 7 天投入龟爱吃的蚯蚓、小鱼虾和豆类食物等，使龟健壮生长。

龟缸每天放在阳光下照射 2 小时左右，中午避烈日，如室内养殖可用日光灯补光照。水温保持在 8—35 ℃范围内，但以 18—28 ℃为最好。冬季保持 0 ℃以上，以防龟冻坏。夏天要把水温控制在 37 ℃以内，以免基枝藻死亡变色。通过上述方法培养后，在 1 个月左右（最快仅 8 天）龟背上即可长出短“绿毛”，即基枝藻，再经 4 个月左右形成布满整个龟背的绿毛，最长可达 9 厘米。

在人工养殖绿毛龟的过程中尤其要注意以下三点：

定时喂食。绿毛龟的食性按龟的不同而有差异，但一般均食小鱼、虾、瘦猪肉等。春、秋每 2 天喂 1 次，夏季每 3 ～ 4 天喂 1 次，每次以龟能吃完为宜，冬季不用喂食。

按时换水。换水的次数依季节而定，夏季每天换水 1 次，春秋季 3 天换水 1 次，冬季根据水质好坏而定。

适当的光照。春秋季节每天将缸放置在室外晒阳光 3 ～ 5 小时。夏季由于光照较强，不能直接将缸放在室外直射，应避免辐射或搭建遮阴棚。冬季，中午时将龟移至室外照射阳光，但天气寒冷时不宜移出室外，以免龟体受冻。

（郭　慧）

蛇王——水蟒

蟒是蛇类中最原始的一种，有着悠久的历史。根据发现的化石，它可以追溯到距今约 74 万年以前的古新世时代。在蟒的肛门处，可见到后肢的痕迹，证实了它们是从原始蜥蜴类演化而来的。在蟒科中，包括森蚺和水蟒都有两根角质小刺，它虽然已不能用于行走，但都能自如地活动，其作用主要是在求偶之际去搔弄、刺激雌性。

蟒的发源地在热带亚洲，现分布在热带和亚热带的亚洲、非洲、南美洲、大洋洲等地。蟒共有 72 种，分为蚺亚科、蟒亚科和雷蛇亚科。虽然其中也有小型的蟒，如我国甘肃等地产的沙蟒仅长 30 多厘米，但就整体来说，都是大型的蛇类。人们在动物园或自然博物馆见到大蟒蛇时，往往会猜想它是世界上最大的蛇了。其实不是，真正的“蛇王”是水蟒，它和大蟒蛇是亲属，同属一类——蟒科。

水蟒又叫水蚺、南美大森蚺，生活在南美洲的巴西、秘鲁、哥伦比亚和圭亚那帝国的沼泽和河流中，一般体长 8 ～ 9 米，据记录最长可达 12.3 米，它才是世界上最大的蛇。不过，很难获得这种蛇的最大的个体。美国纽约动物学会曾经愿意用 5 000 美元的高价收购 9 米以上的活大水蟒，至今尚未获得。

水蟒是一种生活在水中的巨型蛇类，可以较长时间没入水中，不过常常露出水面一点点，有时也爬到树上。它多在夜间捕食，主要吞食陆生动物，如哺乳动物和鸟类，在有些地方也捕食短吻鳄。雌性水蟒一般长到 5.5 米左右达到性成熟，卵胎生，初生的幼水蟒就有 70 ～ 80 厘米长。水蟒还有夏眠现象，这可能与它们生活水域的变迁有关，此时它们就埋入淤泥之中，借此尽可能减少身体水分的蒸发。

▼ 蟒蛇卵

蟒的另一个原始特征是头骨的下颌还留下冠骨的残迹，并采用缠绕和勒缩手段杀死猎物。蟒虽然没有四肢，显得懒散冷漠，很小的脑子也并不聪明，但却是除毒蛇外，动物中最机灵、

最有效的猎食者之一。它采取伏击办法，当猎物经过时，出其不意地一口咬住猎物的头部，迅速把猎物缠绕后收勒，致使猎物窒息死亡，并把猎物勒缩拉成长条状。它的下颌由两个半片组成，因而能向两侧扩张，中间由有弹性的肌肉连接，故能吞下比自己头大几倍的猎物。吞食时，它的身体向前运动，先移动嘴的一侧，再移动另一侧，就像猎物自己“钻”进蛇口一般，缓慢地吞入。

蟒的胃口很大，上海动物园有一条30千克的蟒，一餐要吃2千克的鸡3只；一条逃出笼舍的10多千克小蟒，捕食了一头4千克的狗獾。1982年，香港的一条蟒吞食了一头牛犊。人们还解剖过一条5.8米长的水蟒，它的胃肠里有一条2.3米长的宽吻鳄。水蟒喜欢在水中活动，在水边饮水的美洲豹、美洲狮也逃脱不了水蟒的攻击。水蟒把100多千克的豹拖入水中，待豹淹死后慢慢地吞食。但蟒的新陈代谢相当缓慢，即使在蟒类最适宜的28℃时，它饱餐一顿后，几天到数星期内不再进食，静静地卧在一处，慢慢地消化。

在蟒类中，个体的大小和产卵的多少有一定关系。例如，一条4米长的岩蟒一次可产20枚卵，而一条7米长的岩蟒则能产卵100枚。蟒卵和鹅蛋相似，通常产在沙、泥和腐殖土中，然后掩埋起来。蛇一般不孵化自己的卵，更不照料幼仔。但有一种印度蟒，它会像母鸡那样盘在卵上，在孵化的两个月中，雌蟒不吃也不喝，直到小蟒出壳。同属蟒科的蚺和蟒有一个不同之处，蚺是卵胎生，直接产出小蛇。

令人惊讶的是，这种可怕的蟒蛇也能驯化，南美人和印度人都把蟒驯化后看家带孩子。在那些毒蛇、毒虫出没之处，一有蟒蛇盘踞在那里，它们都不敢靠近。当然，也不是所有的蟒蛇都天下无敌，有一种生活在南美洲北部的小型蟒，名叫橡皮蚺，它浑身草绿色，当受到威胁时，就卷成一个球状，只伸出一条尾巴，这条尾巴极像头，它把真的脑袋藏在身底。那假脑袋的尾巴不停地摇晃，这使它的敌人十有九回要咬错目标，它借此趁机溜掉。这真是大千世界，无奇不有。

（华惠伦　沈　钧）

最大的眼镜蛇

在人类诞生之初，蛇一直就是我们内心深处的梦魇。它那怪异冷血的身躯，能置人于死地的毒牙，令人恐惧。但是在发源于尼罗河的古埃及文化中，蛇受到无与伦比的崇敬。看过电影《埃及艳后》的人一定会对克莉奥佩特拉所带的眼镜蛇形状的头饰记忆犹新。在古埃及，眼镜蛇还是埃及君主的保护神。随着现代科学的进步，人们越来越多地了解它们之后，蛇神秘的面纱被逐渐解开。

如果你到过上海动物园的两栖爬行馆，你一定会对展馆里的蛇类展区留下深刻的印象。展区中展出几十种形态各异、令人毛骨悚然的毒蛇和无毒蛇，其中印象最深的当然要数“蛇中之王”——看起来咄咄逼人的眼镜王蛇。虽然蛇类中蟒蛇当仁不让地被称为“蛇中的巨无霸”，但毒蛇中体型最大的要数眼镜王蛇，刚出生的幼蛇

▲ 眼镜王蛇

就有半米长，一般成年蛇的身长可长到 3～4 米，最长的竟可达到 6 米左右，重达 25 千克。它可以活到 17 岁左右，有人认为它是世界上最聪明的蛇。

眼镜王蛇是最出色的掠食者，任何可制服的动物都可成为它的猎物。在人工饲养的环境下，为了保持它们的野性，平时给它们吃其他种类的小蛇或小白鼠。当看到一条细长的眼镜王蛇吞下一只肥大的老鼠时，我们不禁会感叹蛇那惊人的口腔。事实上，蛇的腭部有一块叫方骨的小骨，当蛇张口时，它可竖立，使上下腭完全张开达 130 度角，且下颚两侧亦可扩张移动，加上牙齿的拖曳，因此可以毫不费力地吞下比自己头部大数倍的猎物。

毒牙和蛮力是蛇制服猎物的得力武器。在长期残酷的生存竞争中，毒牙的出现意味着蛇的捕食和防卫能力进一步增强。蛇的毒牙可分为管牙和沟牙，蝰蝮类蛇为管牙型，而眼镜王蛇和海蛇为沟牙型。由于毒牙与毒腺及排毒的腺肌相连，毒蛇的头部一般较大，大多呈三角形。毒蛇施毒的方法多种多样，但均离不开毒牙。当毒蛇张口咬物时，由毒腺分泌的毒液可通过毒牙注入猎物体内。蝰蝮类蛇的毒素会破坏血液，称为血循毒。而眼镜王蛇的毒素则为神经毒，直接破坏中枢神经系统。眼镜王蛇的一次排毒量大得惊人，可杀死 300 只小白鼠。

懂得一些蛇的感觉和知觉方面的知识，对蛇的某些不解之谜的澄清是大有裨益的。通常，感觉有视觉、听觉、嗅觉、味觉和触觉 5 种。这 5 种感觉蛇虽都具备，可并非完美无缺。眼镜蛇的眼睛看上去目光炯炯，其实它是近视眼，能辨别物体的移动，可是对静物却“视而不见”，对颜色也难识别。一般玩蛇者之所以要在它的眼前用手或身体舞动，正是为了让蛇视觉的特点得以充分施展，并做出相应的反应。

我们从电视上看到那些表演中的蛇，总是不断地吞吐着舌头。其实它的舌头上并无味蕾，舌头能粘集到气体分子，然后缩回去进行分辨，从而完成其嗅觉和味觉的功能。味觉对蛇来说并不重要。借助嗅觉，蛇得以了解外界信息，这对它能迅速地做出反应是十分重要的，而且使某些感觉器官的不足之处也得到了弥补。

俗话说：“虎毒不食子”。眼镜王蛇虽然对同类也会残杀，可是，它对后代却是爱护备至。产卵时节，它们先把树叶堆成一窝，产入 21 ～ 23 个卵，多的可达 40 个，然后再盖上树叶。这既有利于防止卵内水分的散失，树叶发酵时还可供点热助卵孵化。母蛇就盘卧卵上进行保护，公蛇有时也会加入护卵的行列。这时的它们比平时更为凶恶，只要有谁接近那儿，亲蛇必定决一死战。

眼镜王蛇的攻击快得惊人，它的攻击时间只有

1/25 秒，没有什么动物能逃脱它那闪电般的袭击。要战胜蛇，制服蛇，就得顺着蛇的脾性去对付它们。比方说眼镜王蛇碰到人时，会扁起脖子“呼呼”发声显露凶相，这是为了虚张声势，对人进行威吓。要杀一下它的威风，其方法很简单，用一根 1 米长的竹竿往它头部一按，将它按在地上就行了。

蛇类对人类最大的益处是它们每年能捕食大量的鼠类，每年吞食的鼠类约占总数的 76 %。这不仅可消灭鼠类，并可控制鼠类疾病的传播，是生态系统中重要的一环。

（谢琼燕）

海蛇的秘密

“海蛇”，人们总是这么笼统地叫它们。其实，海蛇是对生活于海域中这一大类毒蛇的总称。全世界的海蛇一共有 50 多种，可分为两大类：一类属海蛇亚科，由于它们终生生活在海洋里，腹鳞已经退化，因而在陆地上行动困难，卵胎生，我国有 12 种，分布在南北沿海，最常见的是青环海蛇；另一类属扁尾海蛇亚科，这类海蛇与陆生蛇差异不大，只是尾部侧扁，身体仍是圆柱形，腹鳞也很发达，能在陆地上行走，大多是卵生，产卵在岸上沙滩或石缝里，我国有 4 种，仅分布在台湾及附近岛屿。

我国较常见的海蛇有青环海蛇、长吻海蛇、黑头海蛇、海蝰、环纹海蛇等。海蛇在海里主要吃的是鳗鱼。科学家经研究后确认，海生的海蛇和陆生的眼镜蛇在血缘上还是“堂兄弟”，可是栖息地变了以后，它的模样就变得不一样了。就说它们尾巴的模样吧，眼镜蛇的尾巴前粗后细，形似鞭子；而海蛇的尾巴侧扁，就像一把船桨。海蛇绝大部分的腹鳞并不像普通蛇那样横宽，而是身体上下各部的鳞片差不多同样大小。这样，海蛇就比陆蛇少了一种重要的运动结构，若把海蛇放在陆地上，它们只能无可奈何地挣扎、蠕动。海蛇的鼻孔位于吻突的上端，有瓣膜可将孔闭合。左肺缩减，右肺大大增长，有的甚至可延长到肛门附近。有趣的是，这个长肺除了呼吸作用外，还起着流体静压器官的作用——这与硬骨鱼类的鱼鳔形成了有趣的平行发展，因为鱼鳔原来也是由它们祖先用来充当肺的一个囊衍化而形成的。

海蛇栖居于东、西太平洋及波斯湾的温暖水域内，常发现它在离岸 1 600 千米外游泳，有的甚至还会倒游。也许大家都知道，并不是所有的蛇都是生蛋的。蝮蛇、海蛇、水蛇等的雌蛇是卵胎生，雌蛇生下的不是卵而是一条条小蛇。这一个因素使它们中的大多数能完全过水栖生活，可以摆脱如海龟那样必须上岸产卵的麻烦。胎生的动物如猪、牛、羊等动物以至于人类，胎儿所需要的营养物质全部是通过胎盘由母亲供应的。可是，卵胎生的蛇，只不过是形式上把卵留存在母蛇肚子里，胎儿需要的营养物质仍由卵中的卵黄提供，和母蛇并不发生直接联系。蛇妈妈的肚子，只不过起个“孵卵箱”的作用。这些小蛇，一生下来就会四处爬行。虽然所有的海蛇都必须出水呼吸，但它们却能长时间在水下潜留——

显然能够直接从水中吸取它们所需的氧。

从有利于繁殖和保护下一代来说，卵生的蛇比两栖动物已经有了很大进步。然而，卵胎生的则显示出更大的优越性。生物学家发现，卵胎生的蛇大多是寒冷地带或高山地区的种类，这是它们对寒冷环境的一种适应。而海蛇，由于常年生活于海水中，于是就变成卵胎生的了。

通常，海蛇生活在浅海海底，特别喜欢在海底蛇岛——暗礁活动，主要以鱼类为食，但捕食时很像个“守株待兔”者。多数海蛇不直接追击猎物，而总是躲在暗礁的洞穴或石缝中，等到鱼儿游到跟前才一口把它咬住，用毒液置猎物于死地，然后慢慢吞入肚子。对于那些竖起坚硬的棘的鱼儿，海蛇也有一套对付方法：先用毒液使鱼儿放松，再使竖起的硬棘瘫痪，然后吞食。

海蛇进食是十分缓慢的。美国《国际野生动物》杂志记者霍华德·霍尔，在离菲律宾宿务岛不远的巴霍海峡水深约 10 米海底处，潜水观察了一条海蛇捕食大雀鲷的全过程。这条海蛇在珊瑚洞中足足花了半个小时，才将已弄死的大雀鲷拖出洞口。接着它又费劲地将鱼转个方向，从鱼头开始吞食，以避开鱼尾上锋利的棘。进食的过程使海蛇精疲力竭，以致它不得不数次把猎物留在海底，自己游上水面吸氧。海蛇在水里不动或熟睡时，可以直接由皮肤呼吸足够的氧气，因此，它能长期地潜在水中。而在捕食大雀鲷这类活食时，就要在几分钟后吸一次氧气，每次到水面吸氧时，霍尔也紧跟着它。海蛇每次返回海底，总能依靠灵敏的嗅觉和味觉，顺利地穿过谜一样的珊瑚宫，找到原先的猎物。

海蛇婚礼是不容易见到的。这次霍尔在海底蛇岛正逢海蛇交配高峰期，真是太巧了。与霍尔同行的，还有当地捕捉海蛇能手拉蒙。据拉蒙说，平时每次潜水能看到的海蛇只有 1 ～ 2 条，但是这次他们见到的海蛇成群结队地游来游去。显然，这里的海蛇正在举行集体婚礼呢！

霍尔注意到，无论在何时何地，只要两条异性海蛇相遇，便会表现出亲昵的求偶行为，成为一对“情侣”。它们先是并排缓慢地游行，然后紧紧拥抱。彼此迷恋的是对方的头背部，爱伸出分叉的粉红色舌头去亲昵地舔它。霍尔还观察到，首先求爱的不一定是雄蛇，雌蛇也有“进攻型”的。不过，海蛇之间也有一厢情愿的：当一方多情地用身子缠住另一方，或者伸出分叉的舌头去舔另一方时，碰到的是断然离去，或者被甩起的扁平尾巴打个“巴掌”。海蛇的婚礼是短暂的，一旦雌雄海蛇交配完毕，就很快分离，各奔东西。

虽然海蛇的毒是专用于制服它取食的鱼的，但它对各种温血动物同样具有致命的伤害力。为了考证一下海蛇的毒性到底有多厉害，有人曾做过一个实验，把一条从海面带来的重约 1 千克的青环海蛇的毒液略为稀释，注入两只正值壮年的狗体内，尽管蛇医及时用药，剂量用足，连各种辅助措施都用上了，但不到 10 分钟，这两只狗就断了气，在场的人无不为海蛇毒性之剧而惊叹。

◀海蛇

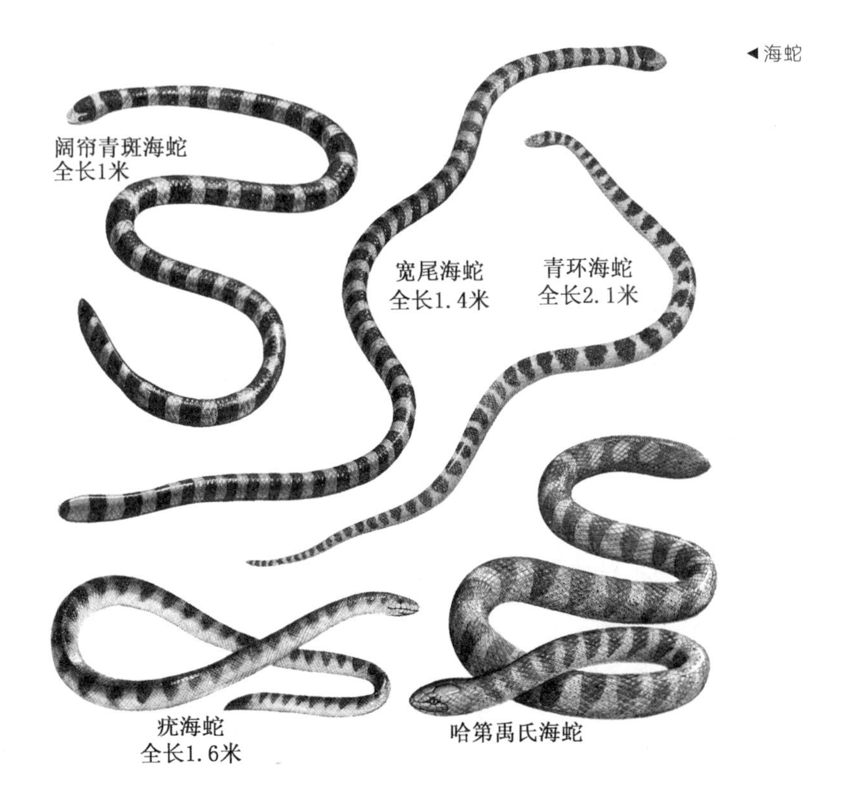

海蛇对人的致死剂量为3.5毫克（干毒量），而大型海蛇一次咬物的排毒量为6～9.4毫克，它的毒性比眼镜蛇的毒性还强。海蛇的毒液中含有神经毒，主要损害人的横纹肌，造成肌肉麻痹，并出现肌红蛋白尿，严重的可引起急性肾功能衰竭及心力衰竭。死亡多在被蛇咬伤后的第2～3天。病人如度过危险期而痊愈，其肌肉恢复缓慢，须经数月才能恢复正常，肾功能损害有时难以完全恢复。

（谢琼燕　华惠伦）